天地有情の農学

宇根豊

コモンズ

もくじ●天地有情の農学

装幀・イラスト　小林敏也

序章

自然環境と人間（百姓）の関係学

——新しい農学の可能性——

1　農業の自然環境への着目

多くの人は、百姓が自然環境を把握して生きていることは自明だと考えているだろう。また、そうであるなら、農業と自然環境の関係は農学の主要な関心領域にちがいないと思っているかもしれない。だが、それは、思い違いもはなはだしい。百姓にとって、自然とは分析したり研究したりする対象ではなかった。なぜなら、自分の力でどうにもならないものやことに対しては、ひきうけるしかないからである。農学にとっても、自然環境はもともとそこにあるものとして、探求の対象にはならなかった。当然・所与のものである自然のもとでの栽培技術と経営が、研究の対象となっただけである。

考えてみれば不思議だが、私たちは「自然とは何か。なぜ、人間は自然にひかれるのか」を、学校で教育されたことはない。もちろん、農学でも教えてはくれない。なぜなら、それは「教育」するものではなかったからだ。「自然」から、「自然に」学ぶものだったからである。しかし、そういう時代は過ぎ去ろうとしている。「人間にとって、自然環境とはどういう意味をもつのか」と小賢しく、意識的に問わなければならない時代になったのである。

したがって、農業分野での自然環境への着目は新しい。それは次の二つの契機に根ざしている。

第一に、農産物の生産が過剰になり、従来の生産技術の見直しが進んだことがきっかけになったのは、たしかに事実である。カネになる価値（内部経済価値）の増大をもっぱら目的としてきた生産技術（とくに戦後の近代化技術）の環境への負荷が、無視できなくなった。農業技術のなかの環境保全的な機能と環境破壊的な機能の関係を解明せざるをえなくなった、というわけだ。

ヨーロッパでは農業の近代化技術をあえて「粗放化（脱近代化）」することによって、減産（生産調整）と環境保全を達成する方法が模索され、政策化されてきた。ところが、日本では農産物の過剰は「脱近代化」や環境保全への取り組みの契機とはならなかった。米の生産調整（減反）のやり方に関心が集中し、混乱が続いたからである。また、増産技術は品質向上技術に方向転換し、環境を保全する技術には向かわなかった。

しかし、生産性向上を主眼とする技術開発への疑問は徐々に百姓のなかに生まれ、経済性以外の価値へと目が開いていったことは確かである。「環境技術」は、こうした時代背景があったからこそ誕生できたと言えるだろう(1)。有機農業が農薬中毒がもっともひどかった昭和三〇年代ではなく、米の増産に幕が引かれた昭和四〇年代になって提起されたことは、象徴的である。

また、昭和五〇年代に始まった減農薬稲作における百姓の「主体性の回復」という目的は、増産・増収という国家目的によって疎外されていたものが、減反という事態に直面して、はじめて自覚されたのである。そして、その矛先が農薬依存という近代化技術の陰の部分に向かうのは当然であった。なぜなら、それはもう一つの自然環境への着目理由に根ざしているからである。

第二に、誰の目にも自然環境が再生できなくなってきたと感じるようになり、当然・所与の前提条件が崩壊したのである（農学が思想的に立脚していた土台が崩壊に直面したのであるが、誰もそのことには気づかなかった）。その最たる原因が農薬使用であったことは言うまでもない。

当時の日本人の関心は、自然環境の破壊よりは食べものの農薬による汚染へ向かった。百姓にとっても、人体への影響が農法転換の契機になったようにも見える。しかし、百姓自身の農薬中毒の多さに象徴されるように、農薬多投の近代化技術への疑問は強まっていたし、なにより身のまわりの生きものの減少に心を痛めていた百姓も少なくなかったのである。

さらに、これに先立ち「総合防除（ＩＰＭ＝Integrated Pest Management）」の提案がなされていたのは、農業生態系の劣化に対する危惧が研究者の間にも出てきていたからである。これらの危機感から有機農業が生まれ、有機農業とＩＰＭが結合したところから減農薬運動が生まれ、やがて環境技術の形成へと向かうのには、必然性があった。

2　自然環境を支える百姓仕事の発見

しかし、私はこういう整理のしかたに満足できないでいる。なぜなら「しょせん環境への関心は食料が増産され、確保された時代の所産であって、食料不足になれば雲散霧消する」という言い分を認めてしまいそうだからである。

食料が自然の〝めぐみ〟であることを忘却したような精神と、自然に働きかけてきた百姓のまなざしを無視したような精神では、環境問題はさらなる新しい「環境にやさしい」生産技術によって克服すればいい、というように見えるらしい。つまり、「農業生産」とは何だったのかと、農業生産の本質を深く問い直す動きがまだまだ不足しているのである。また一方では、自然の何たるかを問わないという農学の前提に対して、あらためて農業にとって「自然とは何か」を立論する動きもほとんど見られなかったのは残念である。

現在では、多くの国民が「自然環境」の大切さを口にするようになった。また、「自然保護」はほとんどの施策の基礎に据えられつつある。しかし、保護すべき自然環境の本質をほんとうに国民と科学や農学は理解しているだろうか、と疑問に思う。自然環境の危機が農業の危機と通底していることを、ほとんどの国民は知らないままである。身近な自然環境のほとんどが百姓仕事によって支えられていることが、なぜ伝わっていないのだろうか。

この本の目的は、こうした事態に必ずしも対応できていない農学の限界の理由を明らかにし、農学の可能性を探ることにある。そのためには、自然環境を支えている農業の全容を明らかにしなければならない。

それにはまず、百姓仕事のなかに含まれてはいるが、農業技術として意識されてこなかった「自然環境を支える仕事」を発見することである。そして、百姓自身がどのように〝まなざし〟を獲得していけばいいのか、その方法論を編み出すことである。百姓が主役となって、自然を支える自らの仕事を環境技術として技術化する道筋を示したいと思う。それによって、百姓が誇りをもって生き、それを国民が支援するしくみを構想したい。そうすれば、農業技術は農産物の生産という一面的な理解から解放され、もっと深く、豊かな全容を現してくるにちがいない。

百姓はそんなことは日常茶飯事として行ってきたのではないのか、という疑問を抱く人もいるだろう。その疑問には、とりあえず「あたりまえすぎて、意識化することはほとんどなかったし、ましてや論文にすることはなかった」と答えておきたい。ただし、それだけではすまされないものがあることも明らかにしたい。

農学にとっても事態は深刻である。農学は、どうしたら農業の全体像を示せるのだろうか。横川洋はこう総括している。

「農業資源を利用して営み、食料生産という内部経済を生み出す農業活動は、そのまま外部経済としての生物多様性と景観像の保全効果を生み出す。この点はわが国の農業環境政策をめぐる議論で根本的に欠落している点である(2)」

なぜ、こういう状況に農学ははまりこんだのだろうか。この本は、農業の外部経済価値の代表である自然環境を農の価値としてたぐり寄せる方法論を提示したい。そして、外部経済という概念でもつかめないものがあることも示したい。

そのためには新しい「技術論」が必要である。従来の技術論は内部経済を豊かにする論考であった。しかし、それでは農の全容はとらえられないばかりか、農業技術の全体像も明らかにできなかった。その反省にたって、経済価値のない「生きもの」に着目する。その理由は、百姓にとって(国民にとっても)もっとも身近な自然であり、百姓仕事によって左右されるのに、その関係性がいまだに見えていないからである。象徴的に表現するならば、百姓がどのように赤トンボを育て、国民がそれをどのように評価していけばいいか、を明らかにしないと、農の全容が百姓と国民の前に明らかにならない。

たしかに、百姓にとって、赤トンボを田んぼで育てることはむずかしい。育てるのがむずかしいというよりも、育てることが農業にとってどういう意味があるのかを自分と他人に納得させることがむずかしいのである。もちろん、赤トンボは「自然」と言い換えてもいい(3)。農業は自然に抱かれて営まれてきたにもかかわらず、このように農学は立ち往生しているのである。この本では、これを外部経済の技術論とさらにその外側に広がる技術論によって突破したい。

私たちにとって「望ましい自然環境」とは、はたしてどのようなものなのだろうか。それは、地域に住んでいる人が感じ、考えるしかない。感じ、考えること自体が、それをつくりあげる行為の一部だからである。だが、自分の「感じ」を確かめ、考える手法が、あまりにも不足している。なぜなら、自然環境とは、あたりまえに、所与のものとして、ずっと昔からそこに存在していると思っているからである。

しかし、自然なものである自然環境が、じつは百姓仕事によって形成されてきたとすると、深く認識する手法が見えてくる。百姓（人間）の自然への働きかけ（仕事）によって、自然が変化し、安定するのである。そのことを意識する百姓が、ようやく私のまわりに現れた。その百姓たちのまなざしに注目し、それを環境技術として技術化するための方法論、技術論を新しい農学（「天地有情の農学」）で確立したい。

日本の農業政策では、自然環境保全への支援は遅れている。たしかに減農薬・減化学肥料への方向は示されているが、それも「環境負荷」の軽減にとどまっており、「自然回復」「自然再生」への支援は本格化していない。それは、自然を支える技術がつきとめられていないからである。全国各地で自然環境は危機に瀕しているのに、危機の原因が自覚されていないので、対策がわからない場合が多すぎる。それも解決したい。

3　百姓のまなざし

この本では百姓を主体として、すべての考察を行う。私が「農民」や「農業者」や「農家」という呼称ではなく、「百姓」という伝統的な用語を使用する意味は、そこに根ざしている。「農民」や「農業者」や「農家」という呼称は、百姓以外から見て、与えられた呼称である。百姓が家族や仲間内の会話で、自らを農民、農業者と呼ぶことは、現代でもほとんどない。

学会や役所やマスコミが「百姓」という言葉の使用を避けてきた年月は、もう三〇年以上に及ぶので、「百姓」という言葉が一見死語のように思えるのも事実である。また悲しいことに、一九七三年のマスコミ各社の申し合わせによって、「百姓」は「差別用語に準じる言葉」だと決めつけられ、「追放」された後遺症も大きい。(4)しかし、「百姓」が決して差別語ではないことは、「お百姓さん」という呼称が健在であることでも証明できる。ここで差別問題に立ち入って深く論証することは避けるが、「百姓」という言葉の伝統と主体性を肯定しないところでは、技術を形成する百姓の主体性は論じられない。

また、「経済的な価値がない」という意味で「カネにならない」、その逆の意味で「カネになる」という表現を、あえて用いている。その理由は、百姓の日常的な会話のなかでは「カネにならないものも大切だ」という言葉で、ようやく「外部経済論」が意識的に語られ始めているからである。この百姓のまなざしを活かしたい。

用語についてもうひとつ断っておきたいのは、生きものの名称である。種名を意識的に「雨蛙」「薄羽黄《うすばき》トンボ」「彼岸花」「白鳥」など漢字や漢字混じりで表記している。学会では生物の種名はカタカナ表記が普通であるが、伝統と意味の豊かさを失わないために、こうした表記にこだわった。

そして、書名である『天地有情の農学』の意味を説明しなければならないだろう。天地とは、自然のことである。有情とは、生きもののことである。この世界は生きもので満たされている。

しかし、生きものに満ちあふれていても、それを感じとる人間の情念がなければ、生きものはいないに等しい。くわしくは第7章に譲るとして、一言で言えば、従来の農学が「科学的な手法」を武器に現実世界を分析してきたことに対して、そういう方法ではぼろぼろこぼれ落ちるものがあることに危機感を抱いている。

たとえば、田んぼで米がとれる、とする。農学は、対象としての稲と田を分析する。そして、その成果としての米を「経営」として分析する。そこには、百姓を分析・表現する学が不在である。しかし、農学が学外に放逐した百姓の「情念」は、確実に米のできに反映する。それは「技術」や「経営」ですくいとれると従来の農学は考えてきたかもしれないが、実際にはそれに失敗してきたのではないか。

農学は「実学」だと言われてきた。それは、実生活に役に立つというだけでなく、人間の学にもしたかったからだろう。百姓という人間がわからなくては、「稲のことは稲に聞け」という言葉は成り立たないだろう。私は百姓の情念をもつかみとれる農学を構想したい。百姓のまなざしや思いをとおしてこそ、技術を分析するときに科学的な方法も生きると思うからである。

田んぼから赤トンボがなぜ、何匹発生するかを分析する農学が形成されたとしても、赤トンボにまなざしを注ぐ百姓や国民の思いの価値をそこに埋め込む農学がなければ、赤トンボは守れない。天地が有情であるのは、それを有情と感じる人間の情愛があるからだ。そして、この情愛もまた百姓が「生産」してきた文化である。そこまで射程に収める農学が、天地有情の農学である。

この天地有情の農学と同行する「百姓学」の存在については、第7章でくわしく述べる。

4　この本の姿勢と構成

この本は私が九州大学農学部大学院博士課程の社会人入学生として、五年間かけてまとめた学位論文を土台にしている(原題「百姓の環境技術形成のための方法論——多面的機能・生物多様性を技術化するまなざしの方法」)。一言で言い表すなら、「自然環境と人間(百姓)の関係学」である。百姓が経験則でとらえているが、十分に表現できないでいる「自然」を、百姓仕事(おもに土台技術)との関係を武器にして解明したものである。つまり、私の研究の独自性は、百姓の自然環境技術形成のための方法論を百姓の視点と経験の積み上げから導き出し、「学」へ道筋をつけたところにあった。

ただし、この本では、それを大幅に書き直している。それは、従来の農学だけでは農業を表現し、評価し尽くせないことが気になっていたからだ。その理由は三つある。

①いうまでもなく農学は、科学的な手法と精神を武器としている。しかし、この武器では、非合理な(非科学的な)世界はつかめない。

②日本農学は、国家の学として発展してきた。その結果、「日本農業」から出発して、「日本農

業」に帰結させていく習慣から脱け出せていないように見える。百姓が在所で生きていく情念に依拠することがなかった。

③その二つとかかわるが、日本農学には「近代化論」が不毛である。「いまさら近代化を問うて何になる」という風潮が強い。つまり、農業の何を近代化し、何を近代化してはならないか、考えようとしてこなかった。

学位論文でもずいぶん既成の農学をはみ出していて、審査に当たられた先生方からはいくつもの注文をいただいたが、それに対する答えも出したつもりである。いずれにしても「異端の農学」だという評言は免れないだろう。それでいい。これも「農学」である。

この本の文体についても一言説明しておかねばならない。科学論文には異質の文体だと思われるにちがいない。「私は」という主語が多いと感じられるだろう。科学は「主観」を排していると言いながら、ほんとうは主観・経験に基づく考察が多いし、それは非難されることではない。私は、そうであるなら、もっと私の「主観」を明確にしておこうと考えた。

だからといって、いい加減な見解だということにはならない。私のすべてをかけて、すべてをこめて、考察し、表現しているからである。もちろん、科学的な手法だけで対象をとらえようとはしていない。それは、従来の農学が主観や経験を駆使しながらも、表面的には「科学的」であろうとした窮屈さを克服したいからである。それは、書名を『天地有情の農学』としたことからも感じていただけるだろう。

最後に構成を示しておこう。

第1章では、一九七八年から有機農業や総合防除の影響を受けて始まった「減農薬」運動を取り上げ、どうして百姓のまなざしが自然環境まで届くようになったのかを、明らかにする。

第2章では、戦後の近代化技術が自然環境にやさしくないわけをさぐる。さらに、技術のなかから生産に直結しない「土台技術」を抽出し、自然環境を意識していく土台が伝統的に存在することを証明する。

第3章では、自然環境を支える仕事のなかから、「多面的機能」を守り、再生していく技術を「環境技術」と名づけ、それを形成していく方法論を提示する。とくに、狭い有用性を超えたところに新しい技術の目標を措定する。

第4章では、「多面的機能」のうちでも、とくに重要な「生物多様性の保全」をくわしく分析する。そして、生きものを守るために、狭い有用性や功利主義を超える道を示す。

第5章では、百姓の環境技術の成果である自然環境を国民が自分たちのタカラモノとして大切だと思うならば、それを支援する政策が必要であることを明らかにし、具体的な政策案を提示する(巻末資料も参照)。

第6章では、自然環境への百姓のまなざしが、農業体験学習や食農教育・環境教育に新しい視点を提供していることに着目する。農業の全容が、子どもだけでなく国民に理解され、農が在所に(国内に)なくてはならないわけが伝わる意味を考える。

第7章では、新しい農学としての「天地有情の農学」と従来の農学との違いを定義する。そして、なぜ新しい農学が起こらなければならないかを明らかにする。

（1）横川洋「先進諸国の農業環境政策―そのシステム、方向性、意義―」『農林経済』二〇〇〇年一月六日号、七～一一ページ、一月一三日号、二～六ページ。
（2）横川洋「先進国の農業・農林環境政策」嘉田良平・西尾道徳編著『農業と環境問題』農林統計協会、一九九九年。横川は引用文の注で、「例外は宇根豊『田んぼの忘れもの』（葦書房、一九九六年）」と指摘している。
（3）私が益虫としての赤トンボではなく、「赤トンボが田んぼで生まれていることの意味」に着目し、赤トンボにそそぐまなざしを農業技術のなかに位置づけようとした最初の論文は、「赤トンボを『武器』に」（『地上』一九八八年七月号）である。
（4）放送批評懇談会編『使えない日本語』いれぶん出版、一九七五年。

第1章

減農薬運動が自然環境の扉を開けた

この章では、一九七八年から開始された「減農薬運動」がじつに特異な性格を帯びていたことを検証し、それゆえにこの技術運動が日本農学史上はじめて自然環境を「ただの虫」という概念で認識するに至った理由を分析する。農業技術において、自然環境との関係性は長い間等閑視(当然視)されていた。にもかかわらず、どのようにして百姓は意識するようになったのか、そして自然環境を技術のなかに埋め戻そうと思うようになったのかを、説明したい。

1 減農薬という考え

「減農薬」という言葉は当初、「農薬散布を減らした農産物」という結果を表す言葉としてではなく、「農薬は減らしたい。減らさなければならない。減らすのだ」という、百姓の農業技術のあり方に対する意志と姿勢を表す用語として、世に送り出された。現在の減農薬という語の氾濫を見ていると、こんなに普及したのかという感慨と、ずいぶんと思想性が薄れてしまったものだという落胆が、相なかばする。

というのも、この語をいち早く使用し、広めたのは、私が水田担当の農業改良普及員として支援してきた、福岡県の「筑紫《ちくし》減農薬稲作研究会」と福岡市農協の普通作研究部会だったからである。一九七〇年代後半はまだ、減農薬は近代化技術への批判的な言葉と受けとめられていた。そして、それ自体は正しいとらえ方だったと、いまさらながら思う。

この言葉がはじめて使用されたのは、七七年に出版された『害虫とたたかう』[1]であった。そこで、桐谷圭治はこう述べている。

「発生予察が減農薬につながるには、病害虫の発生量の変動の予測が科学的かつ合理的に行えることが不可欠である」「現状では、個々の農家が防除の判断ができるところまでにはほど遠い。いきおい防除所や県農試の防除指導に従わざるを得ない」「しかし害虫防除を殺虫剤のみで行おうとする限り、減農薬には限界がある」「近代科学が生みだした各種の防除手段はいずれも安全無害なものではないという認識を十分にもつべきである」

私は桐谷の思想に感動し、この新しい言葉にこめられた思いの深さをひきうけて研究・実践・普及にかかわってきた。当初は、農村の農薬多投の現実の前に途方に暮れながら、どこからこの習慣を崩していったらいいのかわからず、最初の五年間は農薬散布を「指導」してまわる日々が続く。桐谷の研究成果を具体化する糸口がつかめなかったのである。

すでに有機農業運動は少しずつ広がってはいたが、「無農薬」の決意の重要性を説くばかりで、どうしたら無農薬に至るかの道筋は提示されていなかった。たとえば、いま考えればじつに奇妙と思うけれど、当時は「徐々に農薬を減らすという考えではダメだ。一挙に転換しなければ、いつまで経っても無農薬に行き着かない」という「常識」が、有機農業の運動家には定着していた。これでは有機農業は広がらず、まして村の構造は変わらない、と私には思えた。

だからこそ、減農薬を運動にし、減農薬の技術を形成しなければならない、と思いつづけた。そして、この五年間は私にとって、決して無駄ではなかった。減農薬運動は、運動論として独自のまなざしを準備できたからである。それは、農業技術を研究・実践する百姓と「指導員」の双方から根元的な問題提起をし、しかも対案を示すという、従来なかったスタイルをとることになった。五年間の実りは、次のとおりである。

①農薬がいかに無駄に散布されているか、そのしくみをわが身で受けとめ、本質をつかんだ。農薬多投の原因は、百姓の主体を無視した近代化技術の思想とそれを体現した「指導」にあったのだ。

②農薬の被害は単に残留によるものだけでなく、百姓の健康への影響、生きものの死滅のほうがより大きいことをつかんだ。

③行政にはこうした事態に十分に対応する論理が未形成であることを自覚した。当時、百姓の農薬中毒のデータ公表すら、ためらわれる風潮があった。(2) 私は、行政が減農薬の方向に舵を切るためには、農業改良普及員として減農薬の技術を形成して普及するしかないと自覚したのである。(3)

減農薬は、結果ではない。その人の姿勢である。「一〇回散布していた農薬を、九回に減らした」という実践も、立派な減農薬である。減らそうと思い、減らせたときから、その人のなかで確実に何かが変わっている。何かとは、田んぼへの思い、田んぼの生きものに対するまなざし、農薬をすすめるしくみへの視線である。もちろん、減農薬を経て無農薬を達成した百姓は数えることができないほど多い。「減農薬から無農薬へは発展できない。無農薬は決断だ」と言われていたのは、減農薬から無農薬へ至る技術がなかっただけであった。その技術も多様に形成されていくことになる。(4)

『害虫とたたかう』には、「減農薬」という言葉は先に引用した二カ所しかない。しかし、私はこの二カ所の言葉にこそ目を見張り、打たれ、そして深い啓示を受けたのである。

2　減農薬運動の歩み

私が農業改良普及員となって五年目の一九七八年、百姓・八尋《やひろ》幸隆《ゆきたか》(5)と出会う。彼は、水田の農薬を減らす技術を自らの手で生み出したいと熱望していた。「普及員は、必要以上に農薬を散布させている」という発言は、じつに農業指導の体質を言い当てていた。私はこの批判に真摯に応えようと思った。彼から決断を迫られていると感じたのである。そこで、八尋の田んぼを研究田にして共同研究をしようと提案し、彼は快諾してくれた。ここから減農薬運動が始まっていく。

当時もいまも、普及員の仕事は農業試験場が研究し開発した技術を百姓に普及することだという、浅薄な理解が主流を占めている。しかし、百姓が求めている減農薬技術や有機農業技術を研究する研究機関がない以上、百姓は試行錯誤で自費で研究せざるをえない。これを普及員が手助けし、共同研究するのは、当然である。まさにその後の減農薬運動は、大学や農業試験場が行うべき研究を一人ひとりの百姓の田んぼで行うこととなった。もともと百姓の技術開発とはそういうものである。日本農学はそれをいまだにきちんと認識していないように見える。

八尋との共同研究は自費出版した『減農薬稲作のすすめ』(6)に詳しいので、ここでは詳細を省く。この本は口コミで全国の百姓や有機農業運動者に伝わり、四〇〇〇部を半年で完売した。この本によって、「減農薬」という言葉と思想は社会に浸透していく。

八尋の田んぼで研究を始めるにあたって、私たちが心したのは次のことだった。

①無農薬に至る道筋をつくるために、減農薬のあらゆるレベルを重視する。農薬を散布せざるをえなかったのなら、それを失敗とみなすのではなく、なぜそうなったのか、散布の結果どうなったのかを「科学的」に追跡する。

②「たまたまそうなったのだろう」などと言われないためにも、できるかぎりデータによって記録する。

③一人の百姓の実践に終わらせることなく、広げていくための運動論をつねに意識して、表現を工夫する。

その年、一枚の田んぼは無農薬で収穫までこぎつけた。むしろ、途中で農薬を散布したもう一枚の田んぼのほうが、収穫間際に秋ウンカの発生で坪枯れ(ウンカの吸汁害によって田のあちこちで稲が枯れる）したぐらいである。私たちはこの実践と研究を広げようと考え、翌七九年に筑紫減農薬稲作研究会を発足させた。そしてこの年、会員の篠原正昭によって「虫見板」が発明される。(7)データをとり、記録するという作業に会員全員が懸命になったからこそ、篠原はより使用しやすい道具を考案したのである。私は、彼が考案したこの道具を改良して「虫見板《むしみばん》」と命名し、この道具こそ広げる価値があると確信した。

私は虫見板を携えて、八〇年に福岡農業改良普及所へ転勤した。私の提案を受け入れた福岡市農協は八三年に、虫見板を組合員全員に配布する。すでに減農薬の稲作技術は徐々に広がっており、実績も積み重なっていた（三七〜三八ページ参照）。同じ年に、地元の生協（現在のグリーンコープ）に対して、「次郎丸ときわ会」（福岡市早良《さわら》区の百姓の女性たちの研究グループ）の減農薬米の出荷が始まった。「食管制度」下では、画期的なことである。しかし、「減農薬米という表示は米袋には認めない。減農薬という言葉は社会的に認知されていないからだ」と福岡県庁で指摘されたことを、いまでも思い出す。米袋には「農薬を減らした」と表示せざるをえなかったのだ。(8)

八四年から始まった福岡市農協の「減農薬シンポジウム」には、西日本各地から数百人の百姓がつめかけ、「時代は確実に、私たちのめざす世界を求めている」と実感した。「全国環境保全型農業推進コンクール」が六年目をむかえた二〇〇〇年に九州農政局管内のそれまでの受賞団体の活動内容を検討したところ、稲作を主とする活動で受賞した一三集団のうち八集団が、減農薬運動の影響を受けて活動を始めていた。

3　虫見板という農具

時代精神を変えた農具

虫見板は生産性万能の時代精神を変えたと言ってもいい。この何の変哲もない農具が農薬の登場から三〇年も経たなければ生まれなかったことは、象徴的だ。虫見板が百姓にもたらした世界は、じつに深く広かった。減農薬運動は、この農具がなければ全国に広がることはなかっただろう。それは虫見板の使用とともに成長したと言えよう。現在、販売枚数は一四万枚に達している。勝手に模倣されたものを加えると、普及枚数は一七万枚に及ぶと思われる。

図1—1　虫見板の使い方

虫見板は、稲作の歴史のなかではじめて生まれた道具である。この板を図1—1のように稲株の根元につけて、反対側から手のひらでたたくと、虫が落ちてくる。百姓がそれらの虫を観察するための「農具」と言ってもいい。なぜ、それまで虫をつぶさに観察する道具はなかったの

だろうか。それは、害虫が大発生するのは栽培法が悪いと考えたからである。防除資材に頼ろうという考えは少なかったのだ。

そして、戦後の農薬散布技術は、虫見板など必要としない、百姓の主体を阻害した「指導する技術」であった。百姓自らが散布するかどうかを判断する技術は、付随していない。散布すべきかどうかの目安もないまま、次のように「指導」された。

①農薬散布を行うかどうかの判断は指導者が担う。

②指導者は、個々の田んぼの発生予察を行って、個々の田んぼごとに指導するわけにはいかない（本来はそうすべきだと思う）。

③したがって、病害虫の多い田んぼがあれば、その田んぼを基準として市町村全体に農薬散布を「指示」する。

④当然ながら、病害虫の発生の少ない田んぼの情報は何の役にも立たない。発生が多い田んぼの情報が注目され、県下に病害虫防除所や農業試験場からの「防除情報」として流される。したがって、「防除情報」は農薬散布を思いとどまる方向には機能しないようになっている。

これを証明するために、一つの仮想モデルを考えてみよう。ある村に水田が一〇〇〇haある。そのうち一〇％に病害虫の被害が見込まれる事態になったとする。その地区の指導機関（役場・農協・農業改良普及所など）の指導員は、どういう指導を行うだろうか。

①一〇％に被害が発生したら大変だから、一〇〇〇haすべてに農薬散布を指示する。

②一〇％に合わせて、被害が発生しない残り九〇％に農薬を散布するのは無駄なことだから、見て見ぬふりをする。

③一〇％に散布の指示を出し、九〇％には不散布の指示を出す。

現在なら、③の態度が適切だと言うことができる。しかし、信じられないかもしれないが、当時は①しか選択の余地はなかったのである。指導員は、それに疑問を感じないわけではなかったが、自分自身も判断する尺度を持ち合わせておらず、百姓はなおさらだった。

一方、虫見板を用いた減農薬運動は、③の対応を指導機関に迫り、自らも判断主体となろうという運動である。虫見板は、農薬という防除資材を減らそうという思想があったから生まれた。農薬は使用しないという前提の百姓からは、生まれなかっただろう。そういう意味で、虫見板は近代化技術を改良するための道具として生まれたのである。しかも、虫見板のすごさは、後述するように、それまで見えなかった田んぼの世界を百姓に突きつけたことである。だから、どうしたら農薬を使用せずにすむのだろうと、試行錯誤する試みを後押しするようになった。それで、無農薬百姓も使用するようになっていったのである。

虫見板を使用し始めた百姓が発見した世界のなかから、特筆すべきいくつかを紹介していこう。

第一の発見——田んぼの個性の発見（多様性レベル1）

虫見板を手にして、筑紫減農薬稲作研究会のメンバー（福岡市農協九〇〇人、糸島農協四五〇人）

は他人の田んぼまで入って虫を見る。「どうしてこんなに、虫が違うんだ」というのが、何より驚きだった。畦一本隔てているだけなのに、田んぼごとに虫の種類も密度も違うのが不思議だと、みんなが感じた。いま振り返るとあたりまえなのに、指導員から指示される共同防除・一斉防除の技術体系にどっぷり浸かってきた身には、新鮮に感じられたのだ。それまで、こうした虫たちをつぶさに観察する道具も機会もなかったからである。

この発見は、田んぼごとに防除の判断が異ならねばならないことを実感させた。田んぼ一枚一枚ごとにそれを判断するのは、物理的にも普及員や営農指導員には不可能であることも納得できた。その田んぼを耕作する百姓が判断するしかない。つまり、田んぼの個性の発見は、農薬散布においても百姓が主人公にならなければならないという、技術を行使する人間の誇りと責任の発見でもあった（後述する土台技術の発見でもあった）。

田んぼは一枚一枚ごとに条件が異なる。それは百姓にとってはあたりまえで、稲の生育が田んぼごとに異なるのは当然だと思っている。だから、肥料の量は田んぼごとに違う。ところが、奇妙なことに病気や害虫になると、そうではない。田んぼごとに病害虫の発生は異なるのに、画一的な共同防除・一斉防除がまかり通ってきた。虫がいようといまいと、病気が出ていようと出ていまいと、農薬散布がすすめられた。百姓も「おかしいな」とは思っても、「あなただけ農薬散布しないと、せっかく周囲が防除しても、あなたの田から病害虫が広がります。それに、周囲の散布した田から害虫が逃げ込んできますよ」という脅しが、全国どこでもいまだに通用している。

悲しいことに農薬が本格的に登場してから三〇年間、この欺瞞に誰も異議を唱えなかった。この馬鹿げた言説が真っ赤なウソだということを百姓自らが喝破するのは、虫見板の登場を待たねばならなかった。

防除するかどうかを判断するのは、その田んぼを耕作する百姓しかない。ところが、農学や農業技術は農薬の効果は研究しても、防除すべきかどうかを判断する百姓の主体のありようには関心を示さなかった。それは、近代化農業技術は試験研究機関で研究・確立し、その後普及や指導に移すものであるという、構造が完成したからであろう。

普遍性という幻想

ところで、田んぼの個性は二つの個性に起因する。まず、立地条件である。村の鎮守の森の表と裏の田んぼでは、ウンカの飛来密度はどうしても異なる(風の強さが異なる)。次に、その田んぼを手入れする百姓の個性が虫の増殖に反映する。どうしても、一株の苗を多めに植えたがる百姓はいる。すると、害虫も増えやすくなる。こうした個性にもかかわらず、畦の上からは地域の田んぼが同じように見えることも多い。それは、近代化技術が百姓の個性によって使いこなされているからである(農薬による防除技術という例外はあるが)。

生産を上げるだけの技術が批判され、「環境にやさしい技術」を要求されるようになると、田んぼごとの環境の実態をとらえたり、環境への影響を把握する技術を無視してきたツケが大きくのしかかってくる。だが、その田んぼにしか通用しない技術こそが、その田んぼの環境をもっとも活かしているという論理が、指導員には見えにくくなっていた。本来は、普及性のある技術に普遍性があるのではなく、うわべの技術(上部技術)を使いこなす百姓の力(個性)に普遍性があると言うべきなのである。

たぶん、これからの新しい「環境の技術」は、近代化精神の象徴でもある「普遍的な技術」より「その田んぼだけに通用する技術」のほうが優れていることを証明する過程で生まれるだろう。「その田んぼだけに通用する技術」は、その田んぼの(他の田んぼにない)特徴を必然的に認識させる。その田んぼの個性が際だつことになる。その個性をつかみ、活かそうとしている自分の姿勢と能力と努力が問われることになる。「どこにでも通用する技術」は与えられる技術で、いよいよ没個性的になる。技術の良し悪しは、それをすすめた指導機関の責任になる。「その田んぼだけに通用する技術」の大切さに気づいた百姓は、他の百姓にこう言うしかない。あなたが、「どこにでも通用する技術」を求めるのなら、ぜひ私の「その田んぼだけに通用する技術」を参考にしてほしい。

決して、自分の経験が「どこにでも通用する技術」だとは言わない。しかし、指導機関がすすめるマニュアル化した「どこにでも通用する技術」よりは、百姓の経験に基づく「その田んぼだけに通用する技術」のほうが、ずっと「どこにでも通用する技術」であるかもしれない。たぶん、これからの新しい運動は、こういう「その田んぼだけに通用する技術」こそが「どこにでも通用

する技術」であるというスタンスをとるしかないのである。(9)

第二の発見――益虫の発見・関係性の発見(多様性レベル2)

百姓にとって、害虫は怖いものであった。どんどん増えていく被害を受けたときのあの記憶が、いつもよみがえってくる。ところが、虫見板を使い、防除をひかえ、「様子を見る」ようになって、害虫が日に日に減っていくのが見えてきた。虫見板の上で、クモにくわえられたウンカや、寄生虫の腹の中から出てくるウンカを見るたびに、害虫も益虫が多ければ増殖しないことを実感できたのだ。さらに、へたな農薬散布がかえって害虫を増やすことも目のあたりにした。(10)

「かつて、クモは害虫だと思って手でつぶしていました」という百姓の後悔は、私たち農業改良普及員の痛恨でもあった。田んぼごとの防除要否の差異は、田んぼの中の多様性の反映であることが、はじめて見えてきたのだ。虫たち同士の関係性にまで意識がたどり着いた百姓は、そもそも害虫・益虫という分類すらおかしいと気づく。「害虫がいなければ益虫も困る」という認識は、虫見板から生まれたのだ。益虫の発見によって、虫たちの多様性は積極的に肯定されていく。

さらに、百姓の手入れの差異によって虫たちの数や種類も異なることまでわかるようになると、減農薬技術が形成されていく。私たちは、病害虫についてはほぼ無農薬の技術は確立できたと自信をもっている(もっとも、その技術も、百姓ごとに、田んぼごとに多様であるが)。ここに至って、百姓と生きものとの関係性にまで視野は広がっていることに注目したい。

第三の発見――ただの虫の発見・自然環境の発見（多様性レベル３）

最近、「生物多様性」という言葉が農業分野でも盛んに使われるようになった。でも、私は違和感を抱いてしまう。いままで、生物多様性は農業技術によって排除されてきたのである。上意下達の半強制的な共同防除や一斉防除が行われる田んぼで、田んぼの中の「生きもののにぎわい」の意味など、意識にのぼることもなかった。むしろ害虫や雑草はできるだけ少ないほうがいいという価値観で村が覆われていった。そうした近代化思想は、しっかり反省されたとは思えない。

ところで、虫見板を使うようになった百姓は、虫見板の上の、害虫でもない、益虫でもない虫たちの存在が、気になりだす。誰も名前を知らないこれらの虫たちを、私は「ただの虫」と名づけた。当初は半分冗談のつもりであった。百姓から「この虫は何という虫か」と尋ねられ、「害虫でも益虫でもないし、私も知らないぐらいだから、ただの虫でしょう」と応じていたのだ。百姓も「これは、ただの虫と言うらしい」と愉快に反応して、この呼称が広がっていった。

しかし、こういう概念を提起したために、減農薬運動は自然環境の扉を開くことになったのである。やがて、生産と関係ないように見える「ただの虫」が、じつは益虫の餌にもなっていて、田んぼをにぎやかにし、安定させていることに気づく（三六ページ表１―１）。そして、思った。そう言えば、メダカもドジョウもホタルもタガメもゲンゴロウも、役にも害にもならない「ただの虫」だけれど、どうして私たちは好きなんだろう。どうして、これらの田んぼの生きものを、農業が育てた生きもの（農業生物）を、「自然」の生きものだと思って育ってきたのだろう。

表1—1　減農薬は田んぼを変える

	虫見板を使った減農薬稲作	従来の稲作
①	田んぼ1枚1枚虫の発生は違う→一斉防除・共同防除・航空防除は無意味だとわかる	どの田も同じ→一斉防除・共同防除・航空防除をすすめる
②	害虫はしだいに減っていく→害虫は少々いても心配ない	害虫は怖い→1匹でもいたら殺そう
③	へたに農薬を散布すると害虫が増える→天敵(益虫)が見えてくる	害虫が増えるのは農薬の散布が足りないからだ→天敵など見えない・知らない・関係ない
④	田んぼの中はおもしろい→防除するにしても自分で判断する／百姓の手入れでどんなにも変化する	稲つくりは儲からない、楽しくない→画一的な「指導」に従って農薬を散布する
⑤	田んぼの中にはいろいろな生きものがいる→「ただの虫」が多い環境のほうがいい田んぼだということがわかる	害虫以外の生きものにはいよいよ無関心→環境の貧相さに気づかず、対策も立てられない

（資料）筆者作成。

そう思ったとき、突然のように「自然」が発見されたのである。生産に寄与しない世界の豊かさが見えてきたのである。私たちが「自然」だと思い込んでいるものの本質が見えたのである。私たちが感じる「自然」とは、身近な田畑や畦や小川や池や里山であり、そこから生まれる生きものだった[11]。

桐谷圭治は常日ごろ「害虫も数が少なければただの昆虫[12]」と減農薬運動が始まる以前から言っていたそうである。日鷹一雅は大学在学中に農水省の桐谷研究室で直に耳にしたことがあると紹介している[13]。またしても桐谷が発生源かと思うが、桐谷は明らかに害虫・益虫・ただの虫という世界観を確立したあとに使用している。このことのすごさはあらためて感じ入るが、私たちは害虫と益虫しか知らなかった。その無知な私という農業改良普及員と百姓たちが、まったく独自に虫見板で自然全体への認識を切り開く過程で、同じ「ただの虫」を使用したことの必然性を大事にしたい。

ひょっとすると「私も知らないぐらいだから、ただの虫でしょう」という私の発言に、すでに桐谷や日鷹の影響があったのかもしれない。いずれにしても、桐谷の思想にはこういう生物多様性にも似た思考が含まれていたのである。それに私や日鷹が影響を受けていたのであろう。

4　減農薬運動の成果

減農薬運動の広がり

減農薬技術の成果が誰の目にも見える形で現れたのは、一九八五年であった。九州はこの年、五〇年に一度という鳶《トビ》色ウンカ（秋ウンカ）の大発生に見舞われる。福岡県内の多くの水田で稲が枯れていった。福岡市では減農薬運動をすでにすすめ、県内平均の農薬散布回数の半分以下に抑えていた。県庁から「県内全域で被害がひどいので、減農薬が普及している福岡市はさぞかし被害がひどいでしょう」という問い合わせがあったほどだ。

ところが、予想に反して、むしろ減農薬の田んぼほど被害が少なかったのである。隣接した糸島郡では、農薬の散布回数が福岡市の倍以上だったにもかかわらず、水田の約三〇％に被害が見られた。福岡市ではわずか三％であった。虫見板の効力がこれほど示されたことはない。減農薬百姓は、自分の田んぼを自分で観察することの大切さを確認し、自信を深めていく。この事実は大きな反響を呼び、視察者が相次いだ(14)。

比較され、批判の矢面に立たされた糸島郡の百姓のなかで、藤瀬新策はすぐに百姓に呼びかけて研究会を企画。私を招いて、なぜそうなったのかを講演させてくれた。さらに、糸島農協もすぐに反応し、翌八六年に虫見板を全組合員に配布する。そして、防除暦の農薬散布回数を半減させ、減農薬に取り組むことを宣言したのだった。同時に減農薬運動は西日本各地に広がり、福岡県では水田の農薬散布回数は激減していった。

八七年に出版した『減農薬のイネつくり(15)』では、福岡県の農薬散布回数がいかに減少したか具体的に記述している。減農薬以前は、育苗期に六回、本田期に五回の殺虫剤と殺菌剤の散布が指導されてきた。それが減農薬以降は、育苗期二回、本田期三回に減少している。糸島地区と福岡地区ではもっと減らされ、育苗期一回、本田期二回である。

さらに、八九年には虫見板を使用した百姓から「もっと虫の世界を知りたい」という要望が起こり、百姓との共同作業で画期的な『田の虫図鑑(16)』が生まれた。この本ではじめて「ただの虫」という概念が発表され、農業技術の大転換がなされたのである。

こうして、地方の百姓たちと農業改良普及所や農協や市町村の職員たちとの協働で、減農薬技術は誕生し、深まり、普及していく。では、なぜ、こういう技術革新が農学の本流からは生まれなかったのかを検証しておかねばならないだろう。たしかに、当時の農学の主流は生産性を上げることに没頭していた。しかし、原因はもっと深いところにあったのではないだろうか。

総合防除（IPM）の挫折と可能性

そこで、減農薬運動の生みの親でもある総合防除（IPM）の思想を取り上げ、そこにも含まれている大きな欠陥を明らかにしてみたい。この言葉は、一九五六年にカリフォルニア大学のB・R・バートレットによって提案された。定義は、「あらゆる適切な技術を相互に矛盾しない形で使用し、経済的被害を生じるレベル以下に害虫個体群を減少させ、かつその低いレベルに維持するための害虫個体群の管理システム」だ。

七一年には桐谷らによって「農薬をふくむ各種手段による農生態系内外への弊害を最小限に抑える」という項が追加された。彼はまた『総合防除[17]』のなかで、こう言い切っている。

「害虫の防除の目的は、被害が経済的に許容し得る水準以下になるように害虫密度を保つことであって、そのためには害虫個体の自然制御の機構をできるだけ効率よく利用し、害虫を減らすという人為操作は害虫の加害による経済損失が許容水準以上に達すると予測されるときに限るべきだ」

総合防除の骨格は、①経済的な許容水準、つまり「要防除水準」の提示による減農薬への誘導と、②安定した農業生態系の利用にあった。しかし、要防除水準の概念は正しかったが、その具体的な設定は困難を極めている。また、農業生態系による病害虫抑止効果の解明は断片的な情報の提供にとどまっていて、手段の暴走をくい止められていない。その原因を整理しておこう。

①農業近代化が農業の発展になるという幻想から抜け出せていない。近代化の延長線上に、総合防除を構想した。

②科学への過度の依存がある。それは技術のマニュアル化の追求という形で現れ、普遍性を求めすぎて、田んぼや百姓の個性を活かさず、その多様さの前で立ち往生せざるをえなかった。

③技術の主体を百姓に求めるのではなく、研究者に求めざるをえなかった。なぜなら、農薬によって百姓の能力は衰えていたからである。

④農薬という手段に対する位置づけが甘すぎる。生態系の重要性を指摘しながらも、害虫と天敵の研究にとどまり、農薬が技術の主体性を奪ってしまうという本質の検討がほとんどなされなかった。つまり、農薬という技術の特殊性・異端性をつかむ技術論がなかったのである。

⑤したがって、減農薬運動を経なければ有機農業とつながることができなかった。

しかし、総合防除の思想は大きな財産を残し、その後の農業のあり方に魅力的な道標となったことは忘れてはならない。それは次の四点にまとめられよう。

①農薬一辺倒の技術に対する研究者側からの最初の批判と対案の提示であり、減農薬運動のバックボーンとなった。

②農業生態系の重要性をはじめて提起した。この提起は徐々に深められ、近いうちに全面展開されるだろう。

③食べものの安全性を、「農薬の残留」だけでなく、環境（生態系）への視点からとらえようとした。生物濃縮や食物連鎖への関心はまだまだ薄いが、今後は安全性議論をリードするだろう。

④研究者・指導者側からの体系的な思想提示となった。その結果、単なる技術改良運動の範疇を越え、「指導」や「研究」や「学問」の内実を問う運動になりえた。

今日では、この総合防除思想はどう継承され、どう展開されているだろうか。

第一に、近代化や技術の本質や主体を問うことのない人たちは、単なる安全な天敵農薬や天然資材の散布技術へとそれていく。そこにしか研究の出口を見いだせなかった構造はもっと解明しなければならない。

第二に、それとは対照的に、思想性を継承した研究はより広く深い領域に進みつつある。それらの研究は従来の農学からはみ出て、学際的な、あるいは新しい農学へと展開しつつある。

第三に、技術の内実を厳しく問い直した運動は百姓仕事の土台技術へ着目し、環境技術の形成に進もうとしている。

百姓の主体性回復という考え方

ある手段を講じて同じ結果が得られるなら、その手段を分析して、簡単で、安く、労働時間が短いほうがいいに決まっている、と農学は判断してしまう。私はここにこそもっとも深い難題があると思う。この図式には、百姓の人間としての喜びや充実や知恵や文化が抜け落ちている。

決して、農薬だけが問題ではない。すべての農業技術の見方が、一つに染め上げられているのである。たとえば、ある天然資材(環境にやさしいと宣伝されている)を使用すれば、ある害虫を駆除できるとする。しかし、そういう手段が普及すれば、その資材に頼らずに害虫を大発生させないようにしてきた技術は滅んでいく。簡便で、安全で、効率のいい技術であれば、農学は無条件で推奨してきたように見える。こうした技術の見方に、日本農学の欠陥を感じる。

私は、技術における百姓の主体性や情感に着目したい。百姓の自然とのつきあいが深まるか、疎遠になるか、というような尺度を提案したいのである。「主体性回復」などというずいぶん過去に聞いた言葉を持ち出してみるのは、農学史上で技術の主体が問われたことがあまりに少ないからである。天地有情の農学は、ここにこそ立脚したいと考えている。

従来の農学は、近代化が進んでいるかどうか、つまり生産性が向上しているかどうかで技術や経営を分析し、優劣をつけてきた。それに対して、天地有情の農学は「非近代化尺度」を提案する。近代化されていない豊かさに着目して、技術やくらしや経営の評価を転換したい。非近代化尺度とは、労働時間が長くても、労働がきつくても、収量が少なくても、収益が減っても、働く喜びが増え、技術のなかに知恵が蓄積され、自然に対するまなざしが深まるなら、価値があるとする尺度である。減農薬技術は、その突破口を開いたと言えよう。

減農薬稲作技術が広がっていった最大の理由は、農薬を散布するにしても、散布しないにしても、指示されるより自分で決めたい、という百姓の気持ちに応えたからである。自然に働きかける百姓仕事の核心を指導員から指示される事態に、百姓はうんざりしていたのである。(18)

それにしても、技術における人間の主体性回復(確保)は古くて、依然として新しい課題である。そして、近代化が進めば進むほど、いよいよ絶望的な事態が到来している。農業技術においても、労働の相手が自然であるだけに、工業技術とは比較にならないほど深刻になりつつある。具体的に考えてみよう。ここでも防除技術を例にとる。

①防除しなくてはならないと百姓が判断する。

②防除手段(その多くは農薬になる)を選定する。

③防除手段を行使する(農薬を散布する)。

④効果を確かめる(作物への効果だけでなく、環境への影響も含む)。

あえて技術を分解してみればこうなるが、農薬という資材(手段)を使用する場合、稲作技術にあっては長い間、①も②も④も百姓の手元になかった。あったのは③だけである。これほど百姓の主体性が奪われた技術は珍しい。これが農薬の特殊事情である。これは近代化技術に共通する性格であるが、農薬の場合は露骨に現れたと見るべきだろう。それはこういう事情だからである。

近代化とは、労働時間あたりの生産性向上を至上命令としている。だから、こういう欲望が少ないところでは、近代化は遅れる(私は遅れるほうがいいと思っているが)。この時間短縮に人間は抵抗しないわけではなかったが、敗北の連続だった。

生きものが生きものらしく生きていくためには、生きものらしく生きる時間を確保しなければならない。沼蛙のオタマジャクシは、四〇℃を超える高温の田んぼでも、三〇日経たなければ蛙になれない。薄羽黄トンボのヤゴは二七日経たなければ羽化しない。これらは短縮できない。ところが、こういう生きものの命と人間の労働とは違う、人間の労働は短縮できる、とほとんどの人は考えてきた。それほど、自分の生きものとしての豊かさを見失ってきたのである。

農薬が生きものの時間・命を奪ったのは、前述の①②④を百姓が省いたからである。「それは農薬の毒性の所為であって、百姓に責任はない」と強弁する人は、近代化技術の弁護者でしかない。①や④は生きものにまなざしを注ぐ時間でもあるからだ。それを省くなら、生きものの悲鳴は聞こえない。もちろん喜びも伝わらないだろう。減農薬運動がやがて、自然の生きものへ着目していくのは、①〜④を取り戻す運動になりえたからである。

これからの農業研究の主流は、さらなる労働時間短縮(近代化)を推し進めながら、「環境にやさしい手段」を見つけて行使することになるだろう。しかし、そうなればなるほど問題はこじれていくにちがいない。なぜなら、①〜④に含まれている時間を惜しんでもつきあいたい、仕事したい、という情念を疎んじるからである。そこで、百姓仕事の「主体性回復」という言葉を「人間と自然との濃密な関係性」と言い換えてみると、問題の本質はさらによくわかるだろう。

つまり百姓仕事の主体性回復とは、人間が自然に働きかける知恵の行使に対する誇りと怖れを取り戻すことであったのである。「ほんとうに、これだけの害虫なら、様子を見ていても大丈夫だろうか」という不安を乗り越えていく気持ちが技術の土台に座ったとき、減農薬技術が主体的に行使される。「害虫だって、こんなに減っていくんだ。稲も頑張っているんだ」という情感が、稲や害虫や益虫と共有されることが、自然と人間の関係性の回復(技術における主体性の回復)でなくて何であろうか。

「環境稲作」の誕生

減農薬運動以降の経緯を足早に追っていこう。九四年になると、旧糸島郡の百姓により「糸島環境稲作研究会」(現在は環境稲作研究会と改称)が結成された。会員一〇三人、会長は藤瀬新策。環境を視野におさめた、新しい農業技術の開発・研究・実践運動が始まったのである(この会から二〇〇二年に『環境稲作のすすめ』が出版された)。同じ年に「第一回農業と自然環境全国シンポジウム」が農水省や全中(全国農業協同組合中央会)、福岡県の後援で開催され、全国から一二〇〇人の参加者が前原市《まえばる》に集う。大型バス一〇台が田んぼを回る光景は、圧巻であった。

九五年の第一回全国環境保全型農業推進コンクールで、環境稲作研究会は全中会長賞を受賞した。遅れて二〇〇〇年、福岡市普通作研究部会も同じ賞を受賞した。九〇年代以降、減農薬運動は次の段階に進む。技術的には除草剤を使わない除草技術の開発普及に力を注ぐようになるが、百姓の意識としては、農業技術のなかに自然環境を発見することになるのである。この意味は重要だが、詳しくは第4章に譲り、ここでは要点だけを整理しておこう。

減農薬運動によって、田んぼで生まれる赤トンボ(薄羽黄トンボ)が劇的に増加し、一〇aで五〇〇〇匹にもなった。ところが、赤トンボが田んぼで生まれていることを知っている住民がいないのである。驚いた私は、赤トンボをはじめメダカや蛙やホタルなどは、決して「自然の生きもの」ではなく、田んぼで生まれたり育っている「農業生物」だと訴え始めた。[19]

赤トンボが田んぼで生まれている意味と価値は、減農薬運動によって、はじめて農業のなかに位置づけられた。赤トンボやメダカやホタルやゲンゴロウに一顧だにしない農業技術から、自然環境へのまなざしをもった農業技術への転換が始まったのである。私たちはこの技術を「環境稲作」と命名した。そして、メダカやホタルがいない川よりいる川のほうが、蛙やトンボがいない野辺よりいっぱいいる野辺のほうが、自然が豊かだと感じる感性がよみがえってきたのである。

ここにきて、自然や生物多様性や多面的機能ははじめて、人間が生きていく環境の価値としてとらえられた。百姓の心情として生きもののにぎやかさは「理論化」されたのである。虫見板の使用がなければ、いまだに田んぼの中の生きものの多様性は発見されることなく、眠りつづけていたかもしれない。

日本人の自然観の転換

私たち現代の日本人は、「人為」と「自然」を対立するものとしてとらえる。したがって「自然保護」とは、人為を排して、自然なあるがままの姿に戻すことだという理解が、かつては一般的であった。いまでも、人間の手つかずの自然のほうが身のまわりの自然よりも価値があると、ほとんどの日本人は考えている。

江戸時代には日本語の「自然」という言葉は名詞ではなく、ましてや「自然環境」という意味はなかったということが柳父章によって指摘されたのは、七〇年代である。柳父の『翻訳の思想』[20]は、ほとんどと言っていいほどに百姓や農業関係者には読まれていないが、画期的な論考である。日本人の近代的な自然観がはじめて問われたと言っていいだろう。

柳父によれば、日本語の「自然」にNature（自然環境）という意味が追加され、定着したのは、明治二〇年代である。それ以降、「おのずからなる」つまり「人為が加わらない様子」である「自然」に、「自然環境」という意味が重なり、合体していく。そして、人為が加わらないのが本来の自然環境だという新しい「自然観」が誕生し、現代に至っている。

もともと伝統的な日本人の自然観は、人為の及ばない場所で生息する生きものと、人為の影響で生き死にする生きものを区別しない。区別できないだけでなく、区別する必要を認めないのである。白鳥やコウノトリも、西表《イリオモテ》ヤマネコや殿様蛙も、田んぼがなければ生きられない。それほど、この国は百姓の手が国土の隅々まで及んでいる。かつて、人間は自然の一部として暮らしてきた。これほど豊かな自然に恵まれた国なのに、「自然環境」を指す言葉がなかったことに、それは象徴されている。自然の一員だったから、自然にどっぷり浸かって、自然を外から眺めること

表1—2　日本人の自然観

	農村環境整備研修会参加者	食農教育シンポジウム参加者	農業体験学習講座受講生
自然の外にいる	51人(43%)	41人(53%)	15人(43%)
自然の一員である	22人(18%)	12人(15%)	4人(11%)
わからない	47人(39%)	25人(32%)	16人(46%)
合計	120人	78人	35人

(資料) 2003年7～10月に筆者が調査し、集計。

がなかった。自然という概念は生まれなかったのである。[21]

私たちは「自然」と言った途端に、あるいは「自然」を意識した瞬間に、自然の外側に立つことになる。そういう視座からは、自然を客観的に科学的に分析できるかもしれない。しかし、そのために何が見えなくなってしまうかも考えないといけないだろう。

表1—2に示した日本人の自然観を問うアンケートの設問には、トリックが隠されている。「あなたが思い浮かべた自然の中にあなたは入っていますか。それともその外側にいますか」という設問自体が、自然を外から見る視座に立たせているからだ。しかし、それにもかかわらず、「私も自然の一員である」と思っている人は少数ながら存在する。しかし、そう答えた人に、さらに追加して次のような質問を行った。

「自然の中にあなたがいるとわかったのは、もう一人のあなたが自然の外側から確認したからではないですか」

すると、ほとんどの人が「そういえば、そうだ」と答える。つまり、私たちはすでに自然と人間を区別し、自然を対象化して科学的に眺める、欧米的な自然観になっているのである。そして、それを疑うこともない。ところが、まだまだ伝統的な自然観も死に絶えてはいない。だから、厄介な問題が今日でも生じてくる。

自然観の変化の農業への影響

こうした自然観は農業観にも大きな影響を及ぼしている。明治以降の近代化によって、とくにこの五〇年間の近代化(経済成長)によって、自然は大きく破壊されたが、自然の構造を科学的に解明する科学は、農学内では発展しなかった。白鳥も赤トンボもメダカも蛙も、ほとんどが田んぼがないと生きられないのに、「自然の生きもの」として、農業とは関係ない自然現象だと感じる文化が、いまだに続いているのである。これは、自然を意識しなかった伝統的な自然観に加えて、明治以降の「手つかずの自然こそ自然だ」という誤解に立脚している。[22]

そのために、自然はカネにならないモノ(タダ)でありつづけてきたし、百姓仕事によって自然が支えられている構造へと、百姓や国民のまなざしを向けることができなかった。現代でも、「自然をカネに換えるのは、自然への冒涜だ」と発言する人が後を絶たない。これでは、身近な自然を守る百姓仕事は評価の対象とならない。この誤解を解くために、あえて私は百姓仕事が繰り返して続けられないと生きていけない生きものに「農業生物」と名づけて、まったく人為の影響を受けない生きものと区別をした。自然の守り手としての百姓の責任と役割に注意を引きつけたかったのである。

表1―3　青年たちの自然観

	原生自然	自然が多く、人為は少ないところ	人為と自然が半々のところ	人為的な部分が多い自然	人為的な空間で自然はほとんどないところ	合計
理想的な自然とはどういう状態か	92人（99％）	1人（1％）	0人	0人	0人	93人（無回答3人）
あなたが守ることができる自然はどういうものか	2人（2％）	18人（19％）	42人（45％）	31人（33％）	0人	93人（無回答3人）
田んぼはどういう自然か	0人	28人（30％）	41人（45％）	19人（21％）	4人（4％）	92人（無回答4人）

長崎大学の学生（七四人）と福岡県農業大学校の学生（二二人）に、自然観について尋ねた（二〇〇六年）。ほとんどの日本人は人為と自然を分けている。したがって、圧倒的多数が理想的な自然とは人生で一度も足を踏み入れることがない原生自然と答える（表1―3）。具体的には「世界遺産」に指定された場所を思い描いている。ところが、自分に保護・保全できる自然となれば、当然ながら身近な自然になる。そして案外、青年たちには「田んぼ」は自然度が高く映っているようなのである。それは、生きもの（農業生物）の力であろう。決して、為政者や農学者の力ではない。

言うまでもなく、人為と自然を分けるイメージは、「自然環境」を指す言葉としての「自然」をもたなかったかつての日本人にはまったく理解できないであろう。Natureの定着によって、農業が生み出す自然は自然でなくなったのである。日本農学はここから出発してしまった。だから、二重の意味で日本農学は自然を手放したのではなかっただろうか。

自然をあらためて定義し直さなくてはならない時期に来て

いると言えよう。とくに、「二次的自然」という言い方が誤解を増幅させている。日本に、もともと二次的自然でない自然がどれほどあるだろうか。原生自然と二次的自然を区別する自然観は、明らかに優劣を伴っていると言うべきだろう。現代日本でより深刻な危機に陥っているのは、二次的自然（農林漁業環境）である。

だから、二次的自然という呼称は考え直したい。すべて自然と呼ぶべきである。大切なことはひとつ、自然と人間のかかわりの内実を問うような自然観に変えるべきだろう。自然に深くかかわり、そのなかから〝めぐみ〟を引き出しつづける百姓仕事こそが、自然に対するかかわりの理想として再認識されねばならない。そういう意味で、農業生物の豊かさが自然の豊かさの象徴になりうる。なぜなら、そこから私たちは、生きもの（自然）と人間の望ましい関係をつかむことができるからである。

5　時代精神への違和感

赤トンボの発見

減農薬運動が福岡市全域に広がることによって、年々、田んぼで羽化する赤トンボが増えてきた。当初は、その理由を単に農薬を減らしたからだとしか考えられなかった。そして、「精霊トンボ」「盆トンボ」と呼び慣わしてきたこの赤トンボの標準和名が「薄羽黄トンボ」であることを知ったのは、減農薬運動の開始から七年経った一九八五年だ。しかも、このトンボは沖縄以北の日本では越冬できずに、毎年東南アジアから飛来していることを知ったのであった。ここから、研究の方向は三つに分かれていく。

①天敵としての赤トンボの役割を解明していく方向
②民俗・文化としての赤トンボの価値を再興していく方向
③田んぼで赤トンボが生まれている意味を探っていく方向[23]

早速、赤トンボの生息数の調査に取りかかった。約一aの面積の田んぼに入り、ヤゴと羽化した脱け殻を数えていくのだ。一〇a換算で一〇〇〇匹を越える田んぼが圧倒的に多く、最大値は福岡市西区周船寺《すせんじ》で計測した約四九〇〇〇匹であった。ところが、こうした事実を多くの百姓が知らないのである。田んぼでこんなに育っている身近な自然の生きものを農業技術はなぜ無視するのだろうか、と私は心の底から驚いたし、ことの重大さに気づいた。このときから、私の研究は③に向かっていく。

それにしても、赤トンボの研究が農学では行われておらず、市民研究家・愛好家の「生物学」の研究として行われてきたことを、あとになって知った[24]。また、かなり膨大な民俗学の知見もあるが、農業への影響を与えるまなざしは希薄であった。当時は、赤トンボの調査をしていると、「趣味的なものは勤務時間外にやってほしい」と陰口をたたかれたものだ。

「なぜ、農学は赤トンボの意味をとりあげられなかったのだろうか」という私の疑問が、じつは大学院にまで入学した動機だったと言ってもいい。あれほど子どものころ慣れ親しんだ赤トンボを、農業とは無縁の「自然現象」として放置してはならない、と考えたのである。それも、単なる有用な天敵としてだけでなく、農業の生み出す価値として生産のなかに位置づけられないか、という思いが私を後押ししてくれた。私にとって、赤トンボを見つめる〝まなざし〟は、「時代の精神」を自らに問い、検証することに役立ったのである[25]。

時代精神としての「防除」

時代精神というものは、知らないうちに同時代人をしばるやっかいなものである。その典型を「防除」「駆除」という考え方に見てみよう。

たとえば、コサギが田植え後の稲を踏みながらオタマジャクシを食べている、としよう。「大切な稲が傷んでしまう。減収したら誰が補償するのか」「困ったことだ。益虫のオタマジャクシが食べられてしまう」という百姓の発言に対して、「コサギも田んぼの生きものですから」とコサギの肩をもとうものなら、「農業の大変さをわかっていない。趣味で百姓してんじゃない」と反撃されるのは目に見えている。コサギを抱きかかえる時代精神が不在なのである。

ここに戦後の農業が押し込められてきた〝しくみ〟を見ないといけないのではないだろうか。「生産か、環境か」という二者択一を許してしまう構造がこの四〇年間で形成されたことに気づかねばならない。「経済」という価値、所得という尺度がすべてに優先するのである。こうして、コサギは減収の原因になる可能性があるから、駆除の対象となっていった。

しかし、百姓仕事では、百姓ぐらしでは、経済よりも大切なものがあったのではないか。それに、自然環境あっての生産だったのではないか。いや本来、自然環境までも生産する農業だったのである。生産の概念はとてつもなく広く、深かった。にもかかわらず、戦後の近代化によって、少なくとも百姓の精神の表層はカネだけを追いかけているように見える。「環境も大事だが、経済的に成り立たなければ意味がない」などとわかったような口をきく百姓や農学者が多い。

たしかに一九九九年に制定された「食料・農業・農村基本法」には、農業の「多面的機能の発揮」が謳われている(第三条)。しかし、コサギを救うまでの政策展開には至っていない。なぜなら、百姓もまだコサギをどう評価するか考えあぐねているからである。新しい価値観が具体的に実感として語られ始めるときに、世の中の変化もまた目に見えてくる。

ようやく、こうした精神の異常さに気づく百姓も現れてきた。「コサギに踏まれた稲は、一五日もするとみごとに回復する。コサギに食べられたオタマジャクシが食べられることを想定して、蛙は数千個の産卵をするから、心配はいらない」と発言する百姓が現れたのだ。

問題は、どうしたらそう考えるようになれるかである。減農薬から出立した百姓は、確実に生産の土台に広がる世界にまなざしを向けるようになっている。それは、虫見板を手にして田んぼの中をのぞき、なぜこんなに田んぼごとに生物相が違うのだろうかと悩むことから始まったのである。そして、「ただの虫」の存在にまでまなざしが届いたとき、確実に扉は開かれた。それにしても、なぜ生きものとのつきあいは経済よりも深いところに百姓のまなざしを導くのだろうか。

そこで、もう少しコサギとの関係を考えてみたい。百姓は昔もコサギを追い払っていた。そのかつての百姓と、現代の減収を心配している百姓の気持ちは似ているように見えるが、ほんとうは違っている。頻繁に田んぼに行っていたから、コサギも追い払えたのである。コウノトリとのつきあいを分析した菊池直樹さんにそれを教えられた。

兵庫県豊岡市の百姓がコウノトリを追い払っていたのは、田植え後半月間だけであったという。その後は稲が繁って、コウノトリも田んぼの中に入れなくなるからだ。その後は追い払うこともなく、コウノトリと百姓たちはいっしょに田んぼのまわりで暮らしていたという。印象的な話がある。

「田んぼに、よう行きよりまして、朝早く出ると、人かと思ったら、ツルが(畦に)並んで一服してました」(ツルはコウノトリの地元での呼び名)

かつての百姓がコサギやコウノトリを追い払っていたのは、有害鳥獣駆除の思想とは大違いである。近代化精神による減収へのいらだちと、稲がかわいいからコサギやコウノトリを追い払っていた精神とは、似て非なるものであった。(26) 生きものへの情愛が百姓の人生に横たわっていることを知るべきだろう。稲が踏まれるときは、稲への情愛がコサギやコウノトリを追い払うのである。自分がいなくなればすぐに戻って来ることも承知のうえで、追わずにはいられない。しかし、半月が過ぎれば、もう追うこともない。コサギやコウノトリへの情愛もあるからだ。

ところが、近代化精神は、この行為を情愛ではなく「減収」という経済で正当化し、駆除や防除へと駆り立ててきたのではないか。それは、コサギやコウノトリだけでなく、害虫や病気にも言えるだろう。害虫だって、大発生しなければ防除する必要はないのに、害虫がいるというだけで、病気が出ているというだけで、農薬散布をすすめてきた。その精神と、それを受け入れてきた精神とは、減収という経済に裏付けられた近代化精神である。だからこそ私は、まだ決して滅びてはいないこの百姓の生きものへの情愛をよりどころにして、天地有情の農学で時代精神に立ち向かいたいのである。

「多面的機能」を組み替える

食料・農業・農村基本法にそうした百姓の生きものへの情愛を盛るだけの基盤は形成されていなかった、と言わざるをえない。農政が国家の学として明治以降連れ添ってきた日本農学は、そういう分野を切り開けないままだったのだから。そして、その影響もあって、この国では多くの百姓が生産性向上に汲々としており、運動団体も自然環境へのまなざしを運動論に高めるに至っていなかった。だからこそ私は、環境稲作研究会の百姓の自然へのまなざしの変化を追いながら、せっかく食料・農業・農村基本法にとりあげられた「多面的機能」を時代精神に対抗する百姓の実感にしていくためには何が不可欠なのかを明らかにしたいのである。

「多面的機能」の「機能」という考え方にも、時代精神が投影されている。くわしくは第3章で解明するが、ここでは機能という言葉づかいの精神に一撃を加えておこう。

米の生産を農業の機能と言うことはできるが、誰もそうした表現はしない。米の生産とは農業技術の成果であって、機能と呼ぶには違和感がある。それはどうしてだろうか。

どうやら機能とは、技術の目的として実現されたのではないものを指そうとしているようだ。その証拠に現在の多面的機能と呼ばれるものは、「現象」と言い換えても通用するものばかりである。洪水が防げる現象、涼しい風が吹く現象、生きものが生まれる現象、水がきれいになる現象という具合だ。決して、洪水を防ぐ技術や風を涼しくする技術や生きものを育てる技術や水を浄化する技術の結果ではない。これは、従来の技術では多面的機能をとらえられないということを白状しているのかもしれない。だから機能と言われると、百姓仕事がなくても、百姓がいなくても、そういうものがもとより発現するような印象を与えてしまうのである。

次に、多面的機能は、外側から客観的に科学的に把握しようとする気持ちで支えられている。だから、科学的な手法でとらえられる範囲に限定されてしまう。「タマシイを洗う機能」などは、間違ってもとりあげられない。ここが、私が提案している〝めぐみ〟と決定的に異なるところである。機能には自然に対する感謝と怖れが希薄である。人間本位の考え方に傾きすぎている。しかも、多面的機能は時代精神に都合のよいものばかりをすくいあげている。たとえば「農業によって、カネにならないものの大切さを感じさせる機能」などは、とりあげられるはずがない。きわめて現代人の恣意的な選択に任されている。

そこで、多面的機能を、百姓仕事の本来の姿を表現する概念として組み替えなければならない。たとえば「生物育成機能」と呼ばれている機能を考えてみよう。わかりやすいように、オタマジャクシを例にとる。

オタマジャクシは田んぼの生きものを土台で支える重要な生きものである。それは、蛙の産卵数が並はずれて多いことにも表れている。田植え後の田んぼに多くの生きものが集まってくるのは、エサが多いためだ。そのエサとは、有機物であり、植物性プランクトンであり、藻類であり、動物性プランクトン(ミジンコ)であり、ユスリカであり、そしてオタマジャクシである。オタマジャクシがいなければ、田んぼの生物相は極端に貧相になっていく。しかし、それはまったく技術的に表現されていないし、評価の対象ともなっていない。多くの百姓はオタマジャクシの生き死ににに無関心であるように見える。でも、ほんとうにそうだろうか。

田植え前に多量の雨が降って田んぼに水がたまる。だが、蛙は鳴かない。代かき前には必ず田んぼに湛水する。しかし、その日の夜には蛙は鳴かない。代かきが終わった田んぼだけで、夜になると蛙が盛んに鳴き始める。蛙は代かき後の田んぼでなければ産卵に向いていないことを察知している。つまり、蛙は百姓仕事を見ていると言ってもいい。生態学者なら、代かきという「攪乱」(27)に適応していると表現するところだろう(28)。

一方、百姓は蛙を見ていない。従来の農業技術(上部技術)では、蛙は稲作技術と関係がない。稲作技術の対象外である。蛙の繁殖は、代かきという農作業と同時に現れる自然現象でしかない。生物育成機能とはこの程度のものでとどまっている。

しかし、これを〝めぐみ〟と見ると、事態は急展開する。減農薬技術によって、百姓は赤トンボを意識し始めた。同じように、オタマジャクシを意識する技術を形成すればいいのである。それには蛙を対象化し、蛙に価値を見いだす技術を形成すればいいと普通は考えるだろうが、それはまだまだ遠い先のことになるだろう。私は別の道筋があると思う。

代かきがすまないと蛙の大合唱が始まらないことを、百姓は知っている。代かきや田植えが終わった感慨のなかには、蛙の声も組み込まれているのだ。それを掘り出す方法(農学)がないだけの話である。また、田植え後の落水でオタマジャクシのおびただしい死骸が横たわっている田んぼを見て、愉快な気になる百姓はまずいないだろう。不思議と、「悪かったなあ」と感じてしまうのである。なぜなら、生きものは〝めぐみ〟だからである。オタマジャクシがいない田んぼよりも、オタマジャクシに囲まれて仕事するほうが豊かな気分になるのは、百姓仕事が自然から、〝めぐみ〟を引き出してきたからである。オタマジャクシにとっては、代かきや田植えは〝めぐみ〟である。そしてオタマジャクシは、百姓にとっては〝めぐみ〟である。

こうした関係や交流が百姓仕事のなかで育まれてきた。いわゆる「農業技術」とは無縁に、続けられてきたのである。多面的機能の底から、オタマジャクシの死を悼む心情を引き出して、〝めぐみ〟をとおして「環境の技術」の誕生に結びつけていくという方法が見えてくるだろう。

6 古くて新しい農業技術観の再発見

できる、とれる技術

「機能」という言い方をする精神が人間中心主義であるなら、それとは対極の気持ちが伝統的な百姓の技術論には残っている。百姓仕事のみのりを機能と見てしまう精神では、作物は百姓が「つくる」ものと見えるようだ。「稲つくり」「稲作」は近代農学の造語である。

しかし、もともと百姓は作物を「つくる」などとは決して言わなかった。人間が直接に食べものを生産できないからである。食べものを生産するのは、お天道様や水や風や土であり、作物自体である。人間はその手助けをしているにすぎない。つまり、作物がよりよく育つように「手入れ」をしているにすぎない。だから、百姓は作物を「つくる」と言わずに、「できる」「とれる」と表現してきた。自然からの〝めぐみ〟だと感じてきたから、「とれる」「できる」と正確に表現したのだ(29)。

この「とれる」「できる」と感じる精神が近代化技術によって駆逐され、人間中心の見方が強化されるにしたがって、一見無駄に見える、効率の悪い仕事が追放されてきた。じつはそういう仕事が「できる」「とれる」という実感を支えていたのにもかかわらず、である。その無駄に見える、効率が悪いと思われる仕事によって、「自然」は豊かに存在できたし、自然からの〝めぐみ〟も持続してきたのに、である（これを第３章で土台技術論として展開する）。

たとえば、畦草を刃で刈らずに、除草剤をかけて枯らすことが徐々に増加している。夏の水田地帯をまわると、田んぼによっては、除草剤によって赤く枯れた畦が目につくだろう。刃で刈れば「自然」の風景と見えるものが、除草剤によって枯れると「不自然」に見える。除草剤で立ち枯れた畦からは、〝めぐみ〟は引き出しにくいだけでなく、〝めぐみ〟を感じる精神が滅びていく。多面的機能論で除草剤の使用をとがめることができないのは、こういう事情からである。だから、「できる」「とれる」技術論の再興を本気で考えなければならない。

自然環境を表現する

ところで、なぜ自然のめぐみを感じる精神と、「できる」「とれる」ととらえる精神は、百姓の心の奥深く封印されてしまったのだろうか。環境稲作研究会の百姓八三人に尋ねてみた（六二ページ表1―4）。

「自分のために環境を大事にしているのだから、他人から（税金から）助成をもらおうとは思わない」、つまり「他人から評価されようとは思わない」という伝統的なおくゆかしさが、（A）の立場にはみごとに息づいている。だから、自然の「めぐみ」を表現する努力も必要なかったのである。

しかし、これでは百姓仕事から生まれる自然は、いよいよ表現されることなく、自覚されるこ

表1—4　百姓の自然環境に対する意識調査

項　　目	割合	類型
自分の命のために「自然環境」は大切だ	74%	A
「自然環境」は農業によって維持できているが、カネにしようとは思わない	27%	A
「自然環境」は農作業の結果として生じるもので、それでかまわない	29%	A
減農薬の農業が「自然環境」を守っていることを、もっと訴えたい	48%	B
「自然環境」を大切にすることは経費がかかるし、効率が落ちるのが問題だ	22%	B
「自然環境」もタダで維持できているものではない。カネになればいい	14%	B
農業はむしろ「自然環境」を壊している	12%	C
生活していくためには「自然環境」を犠牲にしてもやむをえない	9%	C
農業と自然環境の関係を考え出したら、頭が痛くなる	7%	—
「自然環境」など守っても一銭にもならない。考えても仕方がない	0%	—

（資料）1997年に環境稲作研究会を対象に行った調査をもとに筆者作成。

となく、眠りつづけるしかない。その結果、カネ万能の時代の精神に利用されるだけである。この限界を超えようとする立場（B）から、環境技術が誕生した。マニュアル化できるテクニックとしての上部技術ではなく、生身の人間の思いが乗り移った土台技術としての「とれる」「できる」と感じる技術を、新しい農業技術として表現し直さなければならないだろう。

自然の名代としての土

有機農業技術の中心になっているのは「土づくり」だと多くの百姓は考えている。土の全容はいまだに解明されていない。だから、概念操作に利用されすぎる。

ある田畑の作物がなぜ病害虫の被害を受けなかったかを科学的に説明できない場合には、「土づくりの成果だ」「土が違うから」と土の理由にすることが多い。「無農薬でできたのは、土づくりの成果です」という具合に。原因を天敵や生態系にできないのは、それを把握する技術を百姓が身につけていないからである。また、水や大気やお天道様(自然現象)の原因にしないのは、百姓のかかわりの成果でもあることを知っているからである。せめて自らの土づくりのせいにしないと、百姓の矜持は保たれないからである。ここでは、自然は土で代表されている。

土づくりは行政や農協も昔から言っていたが、彼らがすすめる土づくりの目的は、多収や品質向上にあった。つまり単なる土壌改良である。それに対して有機農業の土づくりは、目的が無農薬、品質保持、生態系保全にあったばかりでなく、土によって自然の本質を代表させている。土は自然の名代なのである。このことが科学で理解できないのは無理もないだろう。

百姓仕事のなかの環境技術の発見

「いままで、畦の花の美しさを妻や子どもに語ることはなかったんだ。そんなこと、生産に役立つわけじゃないし、人に共感を求める必要があるわけもないし、話すこと自体が気恥ずかしい。でも、年に何回も畦の花の美しさに感動するんだ。そしてね、じつは私の畦草刈りという百姓仕事が行われているからこそ、毎年毎年同じ花を咲かすことができるんだと先日気づいたときに、わかったんだ。百姓仕事というのは、こういう世界に支えられているんだと。カネにならない世界が人間を感動させるんだと。この世界を大切にしないと、百姓仕事は続けられないとね。だから、野の花の美しさを今年からは家族に話そうと思うんだ」

ある百姓は笑ってそう言った。ここには、「とれる」「できる」技術の新しい表現が生まれている。人間の労働が余裕を失い、カネに平気で換えられていく時代にあって、農業もまた余裕を失い、しんどい目にあっているが、失ってはならないものを失わないで生きていく覚悟の根拠が明らかにされているではないか。

野の花が百姓仕事によって支えられ、野の花によって百姓仕事が支えられているというこの話は、立派な技術論である。こうした関係を支え、支えられている人間にしかわからないという意味で、科学的な立場からは見えてこない世界である。じつは農業とは、こういう世界で大半が占められている。「作物をつくる」「稲作」「野菜作」などという発想では、表面的なまなざしでは、わからないのである。それがわかるように、次章からさらに思考を深くしてみたい。

かつて、新しい農業技術である「農薬による防除法」が登場したとき、百姓の主体性が発揮され、自然と人間の関係性を堅持する技術論があれば、農薬多投には陥らなかったのである。それを減農薬技術の形成は明らかにした。必要以上に多投されていた農薬を減らしていく過程は、百姓にとっては技術形成の主体性を回復していく過程であった。それは思いがけなく、技術の土台に横たわり、一切を支えている自然環境の存在を再認識することにつながった。

そして、その自然環境（多面的機能）もまた危機に陥っていることに気づいたとき、新しい環境技術を形成せねばならないという動機が生まれることになったのである。従来ともすれば、農業技術の食料生産の側面ばかり注視しすぎて、減農薬や有機農業の成果を「安全性」の確保という視点から評価しがちであった。だが、食べものの安全性もまた、自然環境から農業技術によって引き出される〝めぐみ〟の一属性にすぎない。したがって、より根底にある自然環境を維持し、再生させる環境技術が求められることになったのである。

しかし、ここでも私はかなり躊躇せざるをえない。ほんとうに環境技術は従来の日本農学が形成してきた技術の枠組みを超えていけるのだろうか、という不安がつきまとうからである。だから、農学の枠組みを問う「天地有情の農学」もいっしょに育てなくてはならない。

（1）桐谷圭治・中筋房夫『害虫とたたかう』NHKブックス、一九七七年、一二〇、一三〇、一八五、二一四ページ。

（2）一九八二年に福岡農業改良普及所から出版された『農薬中毒のようす』にはこういう記述がある。「三年前（一九七八年六月）全国農協中央会生活部は『防除を行った農民三人に一人が何らかの農薬中毒にかかっている』と発表しました。同じ年の七月には長崎県でカヤフォスナック粉剤DLの散布中の七二人のうち四一人が倒れ、うち一人が亡くなるという事件が起き、大きなショックを与えました。日頃農村では農薬中毒の話題は多かったものの、実態を数字でちゃんとつかんでいなかったことを反省し、私たちはこれからの取組みの第一歩とするために昨夏(一九八一年)農薬中毒の実態調査を行いました」

(3) 宇根豊「『指導』が百姓と指導員をダメにする」『農村文化運動』一〇六号(一九八七年一〇月)。

(4) 宇根豊「本来の農業・減農薬稲作」『農業富民(別冊)』一九八三年。

(5) 当時の八尋は就農したばかりの青年で、野菜は有機農業で成果をあげていたが、稲作はまだ完全無農薬に踏み切っていなかった。現在も福岡県筑紫野市で有機農業を実践している。その農業技術や経営については、日本有機農業研究会編『有機農業ハンドブック』(農山漁村文化協会、一九九九年)を参照。

(6) 宇根豊『減農薬稲作のすすめ』擬百姓舎、一九八五年。一九八七年に『減農薬のイネつくり』として、農山漁村文化協会からリメイク版が発売された。

(7) 「虫見板」発明の経過は、拙著『田んぼの忘れもの』(葦書房、一九九六年)でこう描いている。「ぼくたちは白い捕虫網を折り畳んで、株もとにつけてそのうえに虫をたたき落として数えたりしながら研究会を重ねていた。そしてその日、メンバーの一人篠原正昭さんが奇妙なものを手にもって現れた。針金の四角い枠に黒い学生服の古布を張ったものだった。即座にぼくたちはそれが、捕虫網の代用だと納得した。これだといちいち捕虫網を折り畳む必要もないし、何より大きさが手頃で稲の株間にすんなりと収まる。彼は捕虫網が一つしかなくて自分が見る機会が少ないのを解消しようとしたのだし、もっと使いやすいようにしようと工夫し、ウンカの幼虫が白いので黒いバックの方が見やすいと考えたのだ」

(8) 宇根豊『田んぼの忘れもの』葦書房、一九九六年。

(9) 宇根豊「井原豊は何を残したのか」井原豊追悼集刊行会『井原死すともへの字は死せず』二〇〇〇年。

(10) これをリサージェンスと呼ぶことは、あとになって知った。その原因は、①農薬散布によって害虫よりも天敵が激減する場合が多い、②農薬を浴びながらも生き延びた害虫は、卵巣の発育が促進され、産卵数が増加する、からである。

(11) こうした減農薬運動を外部から分析した文献としては、次のものがある。中村修『やさしい減農薬の話』北斗出版、一九八九年。原剛『日本の農業』岩波新書、一九九四年。祖田修・大原興太郎・加古敏之編『持続的農村の形成』富民協会、一九九六年。

(12) 桐谷圭治『「ただの虫」を無視しない農業』築地書館、二〇〇四年。

(13) 日鷹一雅「ただの虫の農生態学研究I」日本有機農業学会編『有機農業研究年報6』コモンズ、二〇〇六年、七三ページ。

(14) 前掲『やさしい減農薬の話』。

(15) 宇根豊『減農薬のイネつくり』農山漁村文化協会、一九八七年。

(16) 宇根豊・日鷹一雅・赤松富仁『減農薬のための田の虫図鑑』農山漁村文化協会、一九八九年。

(17) 桐谷圭治・深谷昌次『総合防除』講談社、一九七三年、三四〜三五ページ。

(18) 私は減農薬運動の初期論文である「本来の農業・減農薬稲作」(『農業富民(別冊)』一九八三年)で次のように表現した。「減農薬稲作で農薬散布のコストは大幅に低くなる。が一方田を見て回る労力と心労は増える。だがどうだろう。主体性もなく農薬中毒の危険の中で農薬散布をする一時間と、心配しつつではあるが、主体的に田の中の病害虫を調べて回る二時間と比較したら。『減農薬稲作を始めてから、田回りが楽しくなりました』という農民の反応がその解答になっている」

(19) 宇根豊・新井裕『赤トンボにあなたの〝まなざし〟を』農と自然の研究所・むさしの里山研究会・農村環境整備センター、二〇〇一年。

(20) 柳父章『翻訳の思想』平凡社、一九七七年。

(21) 伊東俊太郎編『日本人の自然観』河出書房新社、一九九五年。
(22) 柳父章『翻訳語成立事情』岩波新書、一九八二年。
(23) 和田典子『三木露風　赤とんぼの情景』神戸新聞総合出版センター、一九九九年。
(24) 新井裕『トンボの不思議』どうぶつ社、二〇〇一年。
(25) 宇根豊『百姓仕事が自然をつくる』(築地書館、二〇〇一年)は、赤トンボに呼びかける体裁をとって書かれている。
(26) 菊池直樹は「昔はコウノトリと言う人間はいなかった。みんな、ツル、ツルと呼んで、身近に暮らしていた。巣ごもりのときは、巣の木の下に茶店まででた」と紹介している。
(27) 生態学で言う「攪乱」とは、定期的に生物相にダメージを与えることである。生きものが攪乱前と同じ水準に回復可能な「攪乱」を「中程度の攪乱」と呼び、むしろその攪乱によって生物相は安定した生を繰り返す場合が多い。これは、ほとんど近代化以前の百姓仕事にあてはまる。
(28) 鷲谷いづみ・矢原徹一『保全生態学入門』文一総合出版、一九九六年。
(29) 前田俊彦『根拠地の思想から里の思想へ』太平出版社、一九七一年。

第2章

人と自然の技術（土台技術）の発見

最近は「多面的機能」「生物多様性」という言葉をよく目にする。しかし、こうした言葉が村の中や百姓の日常生活で使われる機会はまずない。また、はたしてこうしたものが身のまわりに実在しているのかどうかを考える機会もほとんどない。何より、ほとんどの百姓にとっては、こうした言葉や概念を使用する必要性を感じない。村の表面はそう見えるようだ。

ところが、百姓は「多面的機能」や「生物多様性」を別の回路できちんと実感してきたのである。それを前章では〝めぐみ〟と表現してみた。これは従来の農学が見落としていた回路であり、新しい農学の構築にもつながる精神ではないかと思える。この章ではそれを受けて、百姓なりの自然の認識をさぐる新しい技術論を提示する。

1　自然を意識するということ

生きもののにぎわいは、どこへ行った

あんなに慣れ親しんだ生きものが、いつの間にか姿を消してしまっている。天然記念物のような生きものの絶滅なら、みんなが関心をもつ。しかし、田んぼのまわりのメダカや蛙やホタルやゲンゴロウが絶滅しかかっていることに対しては、そこに住んでいる住民ですら関心が薄い。だから、種の減少はまだ進行中である。

図2—1　身近な生きものの変化

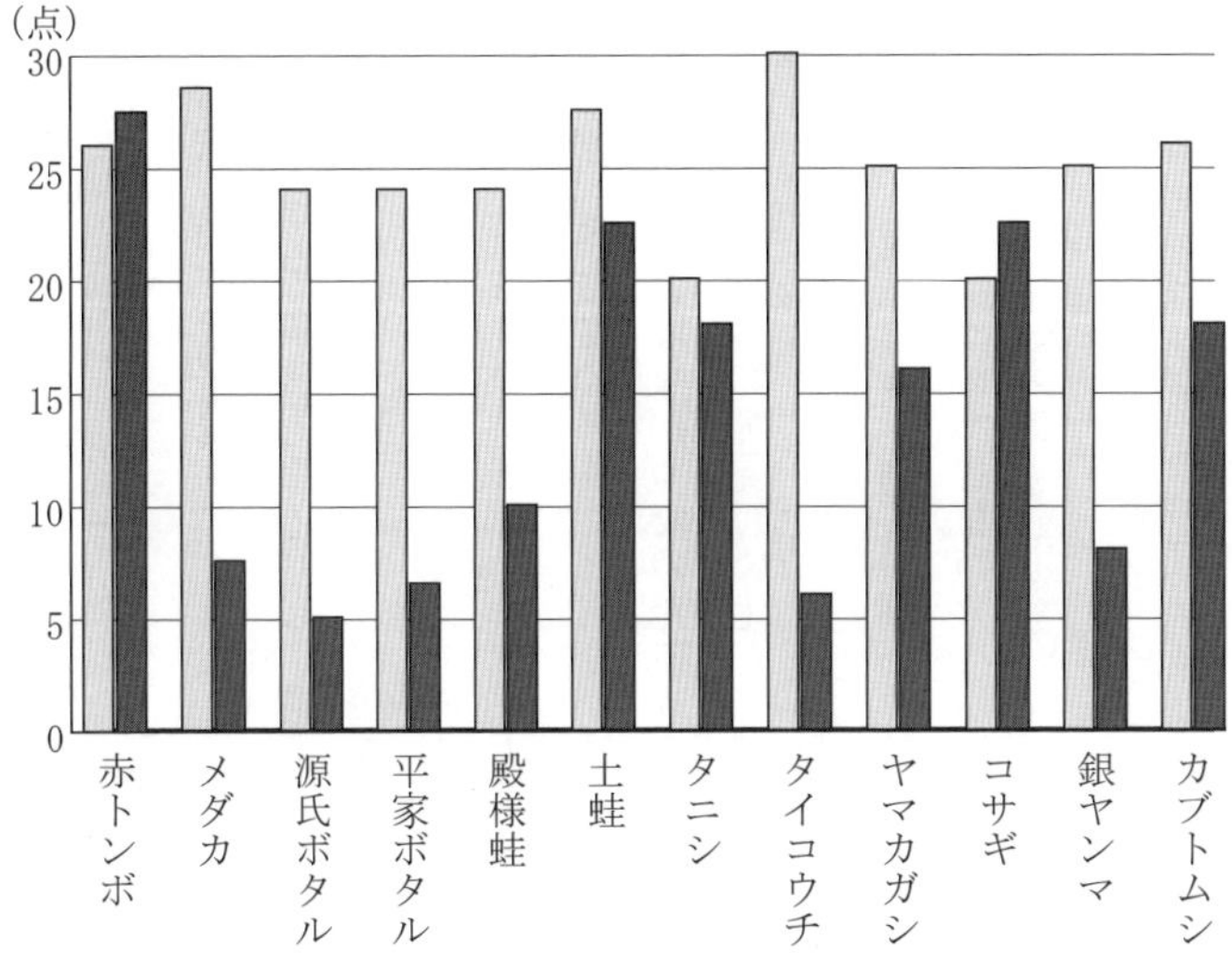

(注1) 多いものを30点、まあまあいるものを20点、少なくなったものを10点、いないものを0点として、答えてもらった。
(注2) ▒1960年、■1995年。
(資料) 筆者作成。

たとえば、一九五〇年代にはPCP(ペンタクロロフェノール)に代表される魚毒性の強い農薬が幅をきかせていたにもかかわらず、生き延びてきたメダカやドジョウが、七〇年代の圃場整備によってほとんど息の根を止められてしまった。また、田植機の普及による水苗代の消滅が、殿様蛙やイモリに決定的なダメージを与えた。

図2—1は、福岡県糸島地区で糸島環境稲作研究会が、身近な生きものの変化を聞き取り調査した結果である。日ごろの百姓仕事のなかでの経験と実感にもとづく回答であるがゆえに、自然の実像が浮かび上がってくる。減農薬や有機農業で、環境稲

作技術で、赤トンボや土蛙は復活してきたが、ホタルや殿様蛙や銀ヤンマはなかなかよみがえってはくれない(1)。

百姓はよく言う。「メダカやトンボやホタルじゃ、メシは食えない」と。しかし、同じ百姓が「もう一度、孫をこの川で泳がせてやりたい。あのホタルの乱舞を見せてやりたい」とつぶやくのである。こうした屈折した心情に、農学は出口を提示しなくてはならないだろう。

百姓は、稲の生育が田んぼごとに異なるのは当然だと思っている。だから、追肥の量などは、田んぼごとに違うのがあたりまえである。ところが、田んぼごとの生きものの差異は、農薬による近代化技術によって、無視されつづけてきた。まして、田んぼの中の「生きもののにぎわい」の意味など、意識にのぼることもなかった。しかし、ほんとうに百姓は、生きもののにぎわいに意味を感じることはなかったのだろうか。人間の意識の奥をのぞいてみるのも必要だ。

生きものの多様性の発見は、七〇年代における桐谷圭治らの総合防除の研究によって、まず天敵への着目としてもたらされ、農業技術に組み込まれようとしたが、百姓の田んぼまで届くことはなかった。現在でも「病害虫調査」はいろいろな機関で盛んに行われるが、天敵の調査が同時に行われることはほとんどない。

虫見板の使用によって「益虫」と「ただの虫」が発見され、それまで害虫しか眼に入らなかった百姓に、田んぼの生きもののすべてが意識されることになり、その関係性までもがとらえられるようになったことは、すでに述べた。ここから、生物多様性の扉が開かれたと言っていい。つ

図2―2　赤トンボが水田で生まれていることを知っているか

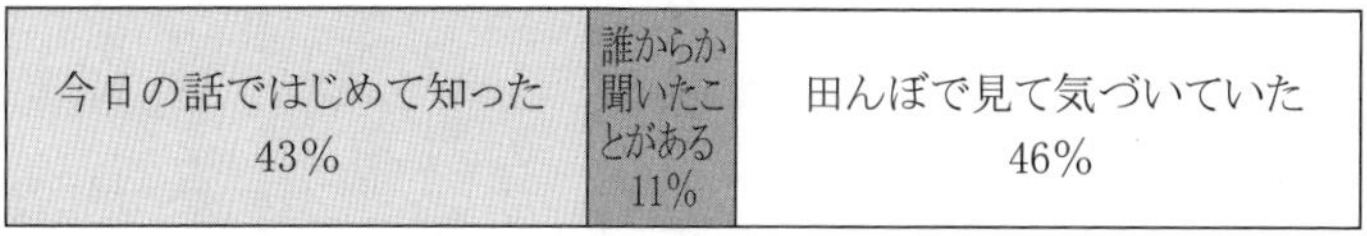

(注) 平均年齢74歳の百姓28人に聞き取り(前原市、1995年)。
(資料) 筆者作成。

図2―3　赤トンボはどこで生まれているか

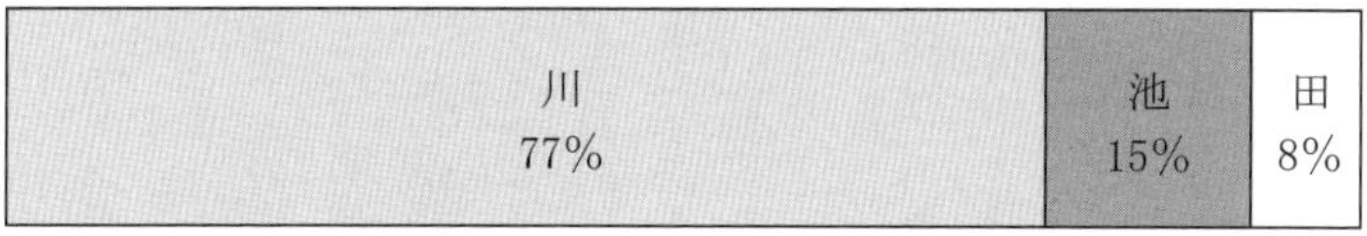

(注) グリーンコープの組合員84人へのアンケート調査(1991年)。
(資料) 筆者作成。

まり、生物多様性発見の前提として、田んぼごとの多様性が虫見板で発見されていたことを見落としてはならないだろう。

対象化されてこなかった「自然」

ところで、百姓にとって「自然環境」とくに農業生物でもある「自然」の生きものはどうとらえられてきたのだろうか。西日本の赤トンボ(薄羽黄トンボ)を例にとって考えてみよう。

図2―2は、「赤トンボが田んぼで生まれていることを知っていましたか」という問いに対する、百姓の老人クラブの会合での回答である。この「無知」は決して驚くべきことではない。百姓の青年たちに尋ねたら「無知」率は八〇%を超える。さらに、「田んぼで見て気づいていた」と答えた百姓に、「では、そのことを誰かに話したことがあるか」と問うと、ほとんどが話したことはないと言う。したがって、図2―3のように、

生協の組合員が赤トンボの出生地を知っているはずがないのである。
つまり、百姓にとって、赤トンボなどの農業が生み出す自然の生きものはことさら対象化するものではなかった、と言っていい。いまだに多くの自然環境は農学や農業技術の外にある。これは百姓の責任ではなく、日本人の自然観に起因する。
四七ページで述べたように、明治二〇年代までは自然環境を指す日本語の名詞は存在せず、「自然環境」は「モノ」「コト」としか呼ばれていなかった。[2] いまでもよく使う「そんなものだよ」「そういうことだよ」というモノ・コトに近い。つまり、そこに当然のようにあるモノ、あたりまえに起きるコトなのだから、意識的に観察されたり分析されたり対象化されることはなかったのである。赤トンボは自然現象として鑑賞されるだけだった。赤トンボが田んぼで生まれ、百姓仕事によって育てられてきたことは、水田稲作がこの国で開始されて二四〇〇年間、一度も表現されてこなかったのである。[3]
「お百姓さんは、自然についての専門家でしょう」というのは、消費者の素朴な思い込みである。百姓にとっては、自然とは何かを科学的な視点で分析的にとらえる習慣はいまだにない。それは、農学にも言える。

環境をどう評価していくか

農業が生み出す自然環境というとき、環境をどう評価するかは難題である。そこで、糸島環境稲作研究会の取り組みを紹介する。

会員の水稲作付面積二五〇haは、地域の水田の約一〇%に及ぶ。しかも、四分の一弱の六五haが無農薬である。耕作水田の全部および一部を無農薬で栽培している人数は三分の二を超える。彼ら自身によるCVM法(Contingent Valuation Method＝仮想価値評価法)による環境評価の結果を見てみよう[4](調査対象者は九三人、回答者は八三人)。ここには、会員の自然環境への意識と環境稲作技術のレベルがみごとに反映している。これらの回答金額のばらつきに着目して分析してみた[5]。

質問1「あなたの家のまわりの水路には、かつてはホタルが乱舞していました。しかし、いまはまったくいなくなりました。もし、かつてのように一〇〇mに五〇〇匹ぐらい復活できるとすれば、あなたはいくらぐらい負担してもいいですか」

図2―4　ホタルが乱舞する小川を復活するための負担額

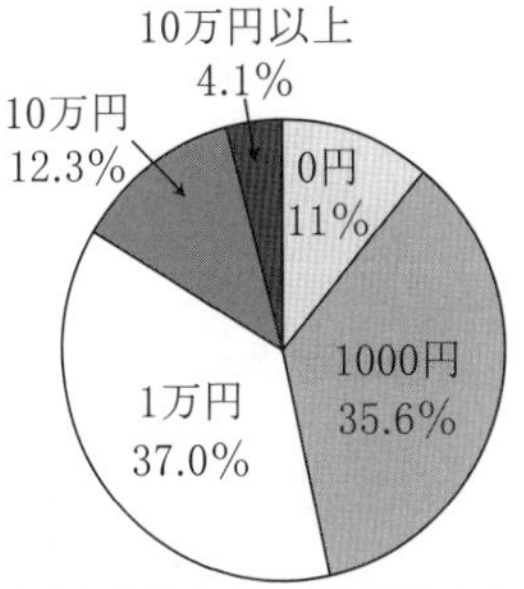

(出典)宇根豊「減農薬稲作から環境稲作へ」『農総研季報』第41号、1999年、37ページ。

評価額の極端な違い(図2―4)は、対象への思い入れの差が現れたものだ。ホタルの群舞を体験していない三〇歳代以下の評価額は、極端に低い。ほとんどが一〇〇〇円以下である。これは環境は身近に体験していないと高く評価できないことを証明している。一方、五〇歳以上の世代のホタル復活への願いは強いものがある。彼らは同時にホタル復活の困難性も自覚しているから、負担しようとする金額も高い。

図2—5　赤トンボを復活するための負担額

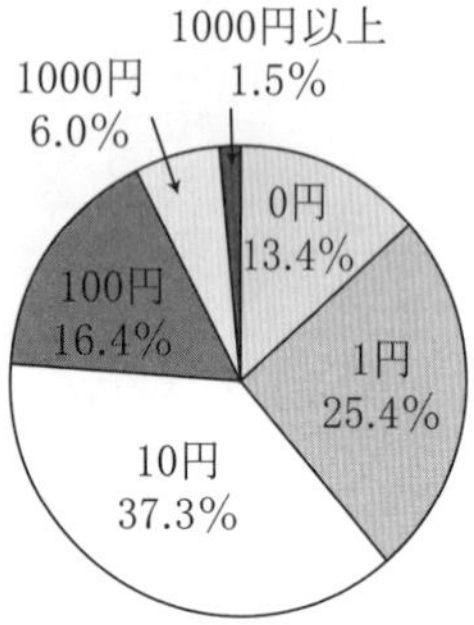

（出典）筆者作成。

ホタルの群舞を知らない世代が増えてきて、ようやく農村でもホタル復活運動が広がってきた。高齢者は復活活動をリードしなくてはならない。しかし、復活への期待はあるが、残念なことに復活技術がまだない。環境技術の形成が急がれる。

質問２「赤トンボは夏空や秋空を彩る風物詩です。もし赤トンボがいなくなったとします。群れ飛ぶ赤トンボを復活できるとすれば、一匹につきいくらなら出してもいいですか」

この地域では、減農薬運動や環境稲作の実践によって、赤トンボ（薄羽黄トンボ）が相当復活してきているので、評価額は高くない（図2—5）。とはいえ、一〇aに二〇〇〇〜五〇〇〇匹いれば、一匹一〇円にしても、二〜五万円になる。

「これらの金額が支払われるような政策が登場したらどうしますか」と問うと、ほとんどの人が「そうなれば面白いけど、まずそんな事態になるとは考えられない」と答える。ありふれた生きものを守る政策のむずかしさを痛感する。

質問３「メダカやドジョウや蛙を増やすためには、田植え後の水管理や除草剤の選定にも気を配らなければなりません。そこで一〇aあたりいくらの助成があれば、これらの生きものの命を優先的に配慮した稲作が実行できますか」

ここでも助成要求額は差が大きい（図２―６）。回答者の農業技術との関連をみると、除草剤に頼らない除草法をすでに自分の田で確立している百姓の要求額は低い。一方、まだ試行錯誤中で自信のない百姓の要求額は高い。除草剤離れができない百姓の要求額は、とくに高くなっている。

奇妙なことだが、自然環境を豊かにする技術を身につけている百姓ほど、無農薬技術に自信のある百姓ほど、環境を配慮した技術への助成に対する要求度が弱いのである。

図２―６　生きものの命を優先した稲作への助成要求額

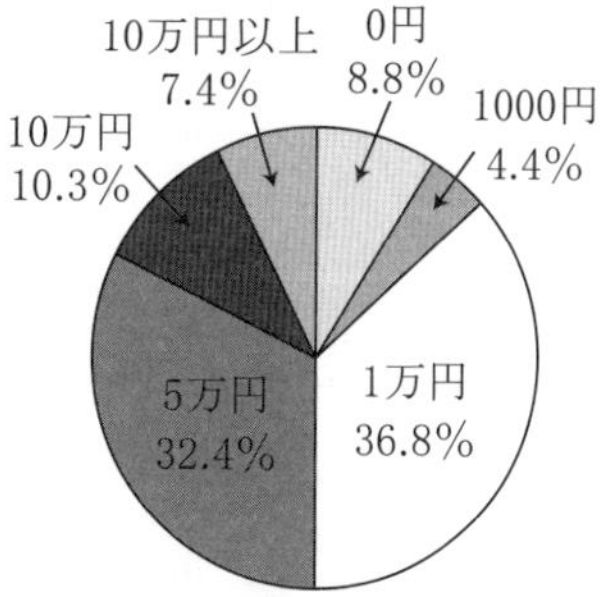

（出典）筆者作成。

これは未熟な技術の百姓に助成が必要であることを示唆しているが、同時に高度な技術には別の評価が必要なことを教えてくれる。なぜなら、すでに困難を乗り越えて技術を確立した百姓は、過去の努力をさかのぼって助成を申請しようとは思わないからである。こうした百姓に対しては、田んぼの自然環境を評価の対象とするほうがはるかに有効であろう。

2　土台技術の発見

自然に働きかけ、自然から〝めぐみ〟を引き出すのが百姓仕事だが、それを農学が「農業技術」

として語るとき欠落する世界がある。あるとき私は、農学を武器にして百姓を指導してきた指導員が決して指導しない技術があることに気がついた。技術書に載っていない、マニュアル化できない技術が厳然としてある。それが自然に働きかける百姓仕事の土台となっている。

土台技術と上部技術の違い

あえて農業技術を「土台技術」と「上部技術」に分けてみることにしよう。

農学が対象にしてこなかった技術、それゆえに指導員が指導できない技術、指導しようとも思わない技術がある。その存在を農学者や指導員はもちろん知ってはいるが、すくいあげる方法がないから、放置されている。百姓個人の思いに支えられた技術だから、一人ひとりの百姓によって異なる。生産に直結しないので切り捨てやすい。それを「土台技術」と命名する。

たとえば、田んぼの見回りを一日何回するか、畦草刈りはいつするか、畦塗りの厚さは何㎝にするか、オタマジャクシをどう生かすかなどは、技術指導の対象にはならない。指導できないのである。それは、普遍性がないからではない。科学的に解明できないからではない。多様な個人によって、多様に展開されているから、一括りにするだけの力のある技術論や指導論が科学の側にないだけの話である。

一方、指導員が指導し、試験場が研究するのは、生産を直接上げる技術である。これを「上部技術」と呼ぶことにする。

図2―7　農業技術の時代変化

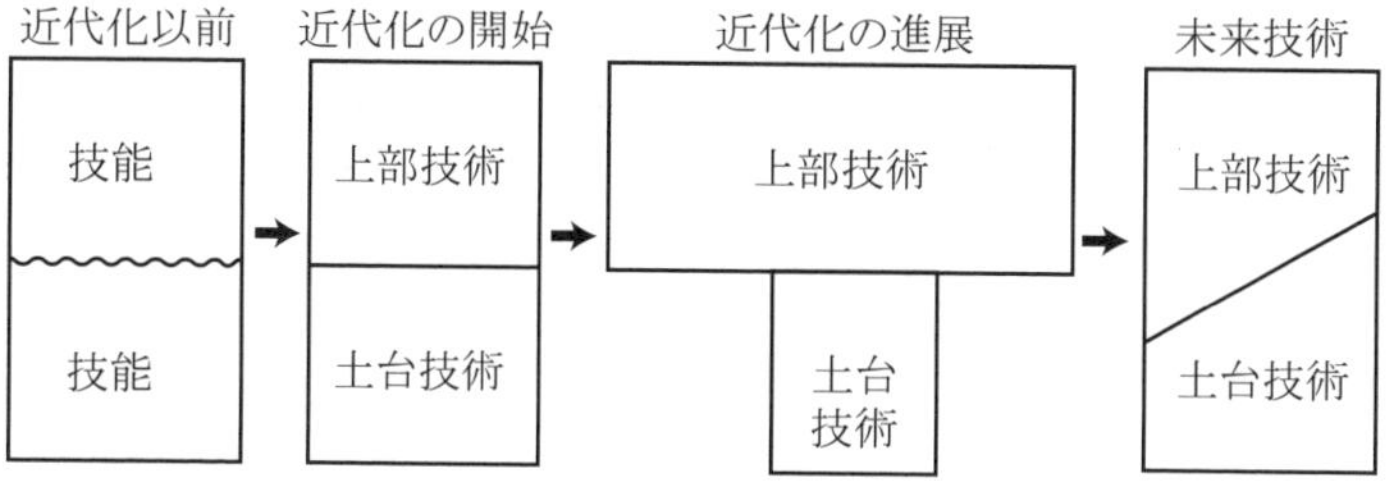

（資料）筆者作成。

たとえば「稲の葉色値が四であれば、窒素は三kg追肥」というマニュアル技術は単なる上部技術だが、「うちの田んぼは下層土が肥えているので、追肥は基準の半分でいい」というのは、土を経験で把握する土台技術がなければ形成できない。このように土台技術と上部技術が融合している状態を、かつて「技能」と表現した[6]。農法は本来、上部と土台に分解できないものであった。したがって、いまでもほとんどの百姓は、上部技術と土台技術を区別することはない。ところが、近代化技術の発達は両者を平気で切り離し、しかも上部技術だけを独立して扱うようになった（図2―7）。もっとも、近代化をすすめるために切り離している当人たちにも、そういう意識はなかったのである[7]。

しかし、土台技術があったから、化学肥料による追肥技術（上部技術）を百姓は使いこなすことができた。土台技術は直接作物に働きかける技術ではないが、土台技術がなければ上部技術も成り立たない。一見、上部技術だけで成り立っているように見える技術もある。だが、それは土台技術が希薄になっているか、もしくは土台技術が見えなくなっているにすぎない。近年、百姓の手抜き

図2—8　土台技術と上部技術のイメージ

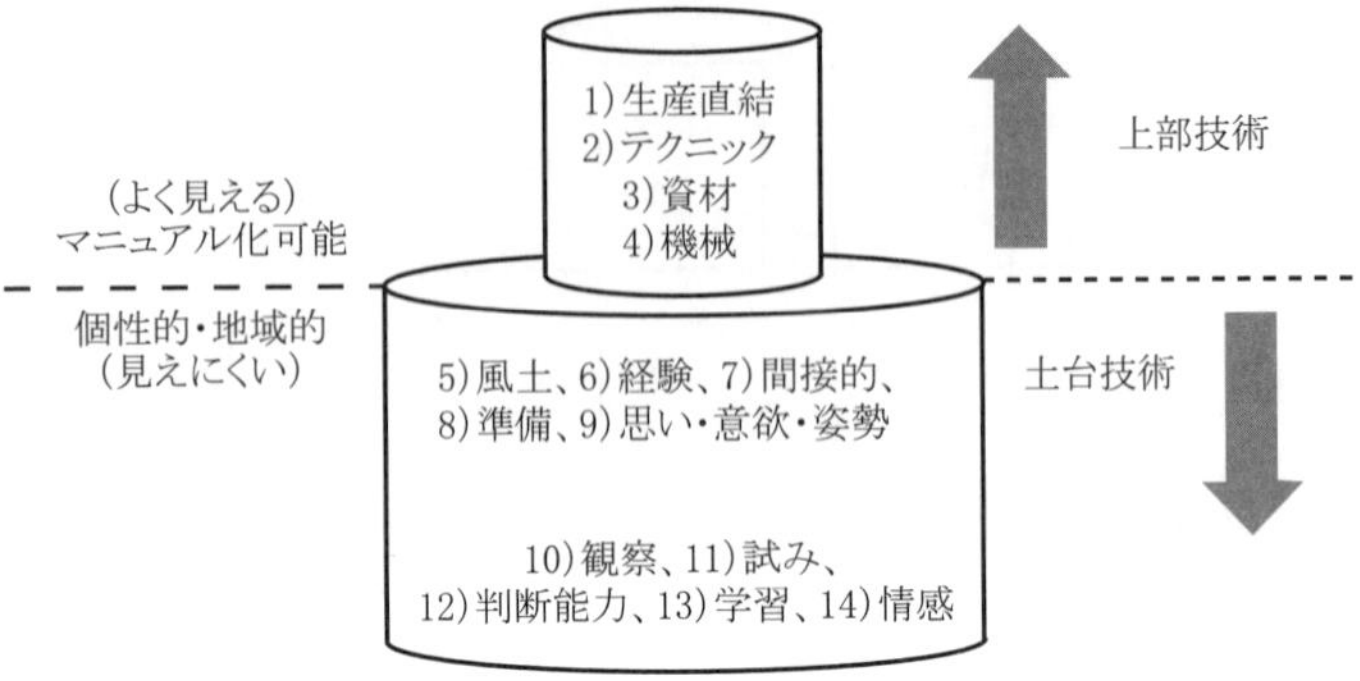

(資料) 筆者作成。

をとがめて「基本技術の励行」なるスローガンが掲げられている。しかし、主要な上部技術だけを「基本技術」と位置づけして、その実施を迫る指導では、いよいよ土台技術は空洞化していき、上部技術すら成り立たなくなることがわかっていないようである。

土台技術と上部技術のイメージ（図2—8）

まず、上部技術のイメージをまとめてみよう。

①「農業生産物の経済的な価値」に直結している。いわゆる「カネになる技術」である。

②テクニックと言い換えがきく。マニュアル化できる。

③自然に対してよりも、作物に直接働きかける。

④一応、科学的に説明できるので、客観性があるように見える。

⑤多くが農薬や化学肥料など購入する資材の使用を伴う。その使用技術と言ってもいい。

⑥生産性の向上を目的にするために、積極的に農業機械

の使用をはかる。あるいは、その使用技術であることが多い。

⑦時代の要請に敏感に対応した新しい技術である場合が多い。時代精神の発現だとも言える。したがって、時代とともに滅ぶ場合が少なくない。

次に、土台技術のイメージを説明しよう。

①地域の立地条件や慣習の影響下にある。きわめて風土的である。

②経験として蓄積され、マニュアル化しにくい。

③作物に直接働きかける技術ではなく、生産量や品質に直接影響しないが、間接的に大きな影響を与える。ただし、その因果関係は把握しにくい。

④仕事の準備段階に属するものも多い。それは無駄な時間ではなく、観察やイメージトレーニングの時間でもある。

⑤経済性ではなく、百姓の思いや意欲や姿勢で支えられ、時代を超えた精神世界の豊かさに根ざしている。

⑥観察する行為と、その時間が、技術の全体性を保持している。

⑦田畑や自分の気持ちに合わせて試みる気持ちが、技術を自家薬籠中のものにする。

⑧判断する能力も土台技術の力である。

⑨自然から、田畑から学び、経験に蓄積していく技術であり、科学的な知見を風土と経験で咀嚼する技術でもある。

⑩自然をひきうけ、自然に働きかける、人間の情感・情念の部分である。

こうした部分が技術の土台に横たわっているからこそ、複雑で予測できない自然を相手にして上部技術をふるえるのであり、その成果をある程度予測もできるのである。

土台技術と上部技術の関係

農業が自然環境を射程におさめるためには、技術を見つめる新しいまなざしが必要である。新しい農学と言ってもいいだろう。生産のテクニックとしての上部技術と、作物や環境を観察し判断する土台技術の実例をもう少しあげて、考えてみよう。

たとえば、田植えで株の間を広げるとか、穂肥《ほごえ》の量を増やすとか、新しい農薬を取り入れるとか、刈り取りを早めるなどの技術は、マニュアル化しやすい。いわば土台の上に乗った上部技術である。一方、田回りをして水を見る、畦草をこまめに刈る、田を深く耕す、冬の間に田面《でんめん》の高いところの土を低いほうに動かす、堆肥を入れて土を肥やす、虫見板で田を観察するといった地味な手入れは、土台技術である。

しかし、この土台技術が崩れ始めている。それは近代化農業の上部技術の影響である。土台技術の特徴は、きわめて個人の意欲に起因している。手抜きしようと思えば、いくらでもできる。その人ならではの動機があればこそ、毎日でも田んぼに足を運ぶ。つい畦草刈りも丁寧になる。他人から言われてすることではない。田回りを一日に二回するか、二日に一回するかは、本人がくらしの一部として決めることだからである。だから、マニュアル化しにくいし、上部技術よりも個別的・個性的になる。これでは農学が対象にできないはずだ。

わかりやすい例をあげよう。化学肥料を使用する施肥技術（上部技術）が全国に普及したのは、自分の田畑の土の性質をよみ、作物への影響を把握して施肥量を加減する土台技術の上に乗ったからである。それなのに、資材としての化学肥料だけを評価するのは、上部技術しか見えない農学の限界であり、この限界が大きな禍根をもたらす。化学肥料の環境への影響が上部技術ではとらえられないことに気づくのが遅れてしまったのである。

また、画一的な農薬散布技術（上部技術）があれほど急速に全国に普及したのは（普遍性をもっているように見えたのは）、虫見板で病害虫の状況を観察し、判断し、農薬の環境への影響を把握する土台技術がなかったから、指導員の指示が田んぼごとの個性を無視して通用したにすぎない。もし防除技術に土台技術があったなら、農薬はあれほどいい加減に普及するわけがなかった。こんなに、この国の自然が壊れるわけがなかった。

このように自然環境は上部技術ではつかめない。ところが、近代化技術には、上部技術のみで農業は成り立つという思いあがりがあったとしか思えない。上部技術だけ見ていると、農業が形成する自然環境が多様であるワケが理解できない。田植えの方法や肥料の量や品種が同じなのに、どうして田んぼごとに生きている生きものが違うかが、わからなくなるのだ。それは、百姓の手入れや立地条件の違いに目がいかないからである(8)。

有機・減農薬の技術の例で考えてみよう。ジャンボタニシやカブトエビや合鴨による「除草」は、これらの生きものの生態をよくつかむという土台技術が自分のものになっていなければうまくいかない。生きもののにぎわいに価値を見いだす技術、生きものの多様性を活用する技術は、濃密な土台技術なしには成立しない。言葉を換えれば、百姓の観察・判断力、風土を活かす知恵と姿勢がなければ、環境を豊かにする技術は生まれない。

全国に普及する技術、普遍性のある技術が「優れた技術」という価値観は、誤っている。一見、普及性と普遍性のある技術も、風土や人間の違いをカバーする個性的な土台技術が百姓にあるから成り立っていることを、近代化技術は忘れてきた。そして、試験研究も農学もまた、こうした人間の生々しい心の動きや風土を本気で研究の対象としてこなかった(9)。

戦後の農業技術の近代化(ここでは「省力化」を念頭に置くとよくわかる)、生産性の追求は、この土台技術の役割を見て見ぬ振りしたことによって実現されたと言っていいだろう。だから、農業技術は上部技術ばかりが肥大化して、危うくなってしまったのである。

たとえばトラクターで田を耕すとき、一速のギアで耕していたものを、二速にする。たしかに労働時間は短縮できるが、確実に耕深は浅くなる。一～二年は、稲の収量に影響は出ないだろう。ところが、五年、一〇年経つと、明らかに収量は不安定になる。いくら肥料を増やしても、土台技術が空洞化しているのだから、効果は薄い。トラクターによるロータリー耕は上部技術であるが、どれほど深く耕すかは土台技術によって決定されている。指導機関が指導できるのは上部技術だけである。「耕す深さは指導できる」と言われそうだ。たしかに指導はできるが、その深さを決めるのは経験と風土と百姓の思いによることが見えない指導者が多い。

土台技術と上部技術の対立

現代の農業技術の研究や指導は、知らず知らずに土台技術を軽視する方向に進んでいる。そして、ときには対立し、上部技術による土台技術の駆逐すら生じているのである。よく語られる事例をとりあげよう。

田植機による田植えが終わると、「補植(植えつぎ)」が行われる。どうしても、わずかに「欠株」が発生するからである。しかし、「収量」という尺度だけで見ると、一〜二株の欠株は、ほとんど収量に影響を与えない。まわりの稲株が欠株分の空間と日射を利用してよく繁り、「補償作用」が生じるためである。これは多くの試験・実証で確認されていると、農学は主張する。

若いころの私はこの知見を真に受けて、「欠株を怖れて苗は厚播きになってはいけません。それに補植は無駄な行為です。補植する暇があるなら、もっと他の仕事をしましょう」と百姓に説いたときもあった。しかし、補植は土台技術である。決して「田植機の欠点を補う仕事」ではない。以下は約一〇haの稲を作付けしている友人の言葉である。

「欠株が収量に影響しないということは、頭で理解している。しかし、機械化が進んで自分の足で田んぼに入る機会は、このときしかなくなったんだ。せめて、このときだけは一株一株と目を合わせながら、夫婦で田んぼ全体を歩くんだ」
彼ら夫婦は、補植に一週間かけると言う。この仕事には土台技術の特徴がよく出ている。
①生産性という「時間」の尺度を適用する前の仕事の原型が残っている。
②「欠株の補植」という作業だけではなく、耕している深さ、水のたまり具合、すでに泳ぎ回っている生きものの様子を見ながら、他の仕事の土台にも共有される。
③何よりも、百姓としての稲への情愛が百姓を駆り立てている。
しかし、苗箱による育苗と、田植機による田植え技術は、補植を上部技術の単なる補完技術としてしか見ない。「本来はしなくてもいい技術」として追放してしまうのである。では、まだ多くの百姓が「植えつぎ」をしているのはどうしてだろうか。それは、手植えしていた時代に感じていた豊かな世界を田植機で失ったと実感しているからだ。欠株を補っているのではなく、近代化技術で失ってしまった田んぼとのつきあいを補っているのである。

ここで思い当たるだろう。子どもたちの農業体験学習が、なぜ「手植え」や「手刈り」をカリキュラムに採用しているかに。土台技術には、子どもたちに伝えておかなければならないものが充満している。上部技術にはそれが少ない。それは、現在の上部技術が近代化精神で形成されてきたからである。補植で田んぼに入らなければ、田植後の自然の変化は見えない。それは上部技術にとっても重要な土台となっていることを、指導員や農学は知らなければならない。

3　土台技術の崩壊と自然環境の破壊

自然を支えてきた土台技術

農業の近代化は、土台技術の省力化によって成り立ってきたと言えよう。ところが、農業が生み出す自然環境は、この土台技術によって支えられてきたのである。たとえば、畦草刈りのタイミングによって彼岸花は美しくも見苦しくもなる。畦は田回りの百姓の足に踏みしめられて崩れにくくなり、植生も安定していく。[10] しかし、彼岸花の美しさや畦の強さに土台技術の存在を感じる技術論を農学は形成できなかった。

それにしても、自然環境を豊かにする技術は、なぜ上部技術には見あたらず、土台技術にあるのだろうか。なぜ、自然環境は上部技術ではつかめず、土台技術でつかめるのだろうか。

図2―7(七九ページ)をもう一度見てもらいたい。もともと技術とは、土台技術と上部技術に分離できないものである。二つは結びつき、一体となって、百姓と自然をつないでいた。ところが、近代化技術は土台技術を捨て去り、「生産性追求」に邁進した。そして、自然が壊れたことに気づいたとき、自然と結びついていた部分が土台技術として、はじめて見えるようになったのである。それは、皮肉なことに近代化の効果である。

しかし、近代化された上部技術によって破壊された自然環境を復元する技術が上部技術にはないことを上部技術の推進者が悟ったとき、土台技術の存在に目を向けるべきだったのに、そうしたまなざし(技術論)がなかった。たとえば、総合防除の理論はあっても、虫見板による観察と判断がなかったから、農薬を減らしていく技術は形成できなかったのである。農薬擁護者に至っては、いまだに「安全な農薬」「安全な遺伝子組み換え作物」という上部技術を開発すれば、問題が解決できると思いこんでいるようだ。しかし、仮に「安全な農薬」や「病害虫におかされない品種」が登場したとしても、それが生きものに安全かどうかは、百姓に土台技術がなければ確かめようもないだろう。

まして、上部技術によって土台技術が否定されていく構造を当の推進者が認識できないとすれば、救いがたい事態が起こる。百姓の土台技術が農薬という上部技術によって破壊されてきた反省が、あるいは土台技術が農薬使用技術に付随していなかったことへの反省が、本当になされなかったのは、こうした土台技術論がなかったからである。つくづく不幸な農学であった。したがって、環境保全技術がこれから形成されなければならないとしたら、この技術の土台部分を見つめなければならない。

生きもののにぎわいをうけいれる土台技術

上部技術だけで見るなら、生きもののにぎわいは邪魔だ。生育に影響する要因は少ないほうが、コントロールしやすい。しかし、百姓は虫や草の根絶は不可能だと経験で知っていた。いかに、折り合うかが技術の要諦だった。生きもののにぎわいは、うけとめ、うけいれざるをえなかったのである。そのために土台技術が発達した。「上農は草を見ずして草を取る」[11]「夏虫は肥やしになる」「腹八分目の肥が肝要」「田をつくるより、畦をつくれ」[12]というあんばいだ。

現在でも、土台技術が深まれば、生きものの多様性を活かした技術が生まれる。カブトエビやジャンボタニシによる除草がいい例である。[13]カブトエビでいかに水を濁らせるかは、細心の観察と深い洞察、大胆な試みと貪欲な情報収集力の結果、みごとに糸島環境稲作研究会の藤瀬新策によって技術化された。[14]ジャンボタニシによる稲の食害に悩みつづけ、手による駆除というつきあいを続けてきた百姓によって、この貝が稲よりも草をよく食べることが発見された結果、駆除から活用への大転換が果たされたのである。

メダカがいる川のほうがいない川よりいいと思う感性は、どこからくるか。日本人はなぜ、夏空を群れ飛ぶ赤トンボをいいなあと思うのだろうか。なぜ、この国の国民はホタル好きになったのか。私たちは考えたことがあっただろうか。そうした感性を軽視し、無視してきた農業技術思想を転換しなければならない。農が生み出した生きもののにぎわいを対象化する新しい天地有情の農学は、生きもののにぎわいをいつくしむ文化に支えられてこそ可能になる。

「生きもののにぎわい」こそが、田畑のみならず農村の生態系を安定させるという仮説を実証しようという研究は、あるいは村の中の生きもののにぎわいにダメージを与える環境の変化の研究

表2—1　福岡県糸島地区の無農薬・有機農法における除草法の多様性

除草法	実践者数（人）	普及面積（ha）	生息面積（ha）	今後の普及可能性面積（ha）
ジャンボタニシ	74	100	1200	500
合鴨	24	12	—	20
カブトエビ類	12	8	1500	50
赤浮草	12	2	—	20
中耕深水	11	3	—	25
米ぬか	8	3	—	10
紙マルチ	3	1	—	5

（注）水田面積は、前原市＝2000 ha、二丈町＝600 ha、志摩町＝700 ha（2000年）。
（資料）筆者作成。

は、守山弘の先駆的な業績⑮にもかかわらず、ダイナミックな展開を見せてはいない。それは、環境を農業技術（百姓仕事）に組み込むことが困難を極めているからである。それを百姓の土台技術に求める回路を発見できないでいるからである。このことは第4章でくわしく論じる。

農法の多様性と生きものの多様性

土台技術が深ければ、画一的な上部技術もとりいれることができる。田んぼごとの地力差にもかかわらず、化学肥料による穂肥が村中に普及したのがいい例である。また、土台技術が深ければ、多様な上部技術もうけいれられる。同じ地域で、合鴨や紙マルチやジャンボタニシやカブトエビによる除草法が咲き乱れることができる⑯。

そして、じつはこの農法の多様性が、地域レベルで生きものの多様性を保証していくとき大事になっていく（表2—1）。いくら風土や土台技術が多様（個性的）であっても、上部技術が同じなら、生きものの多様性の幅は狭まらざるをえない。合鴨の田んぼでは蛙やトンボが減り、ジャンボタニシの田んぼでは草や草につく虫たちが激減し、紙マルチの田んぼではカブトエビが減っていく。これは良いか悪いかという問題ではない。それぞれの農法はそれぞれの特長のある環境を形成するということである。だから、同じ地域で多様な上部技術としての環境保全農法が花咲くのはいいことである。そうでなくてはならない。

しかし、農薬という上部技術はどうだろうか。土台技術の差異を超えて、あまりにも周辺の生きものに影響を与えすぎる。土台技術で御しきれないのである。同じ農薬を使用しながら、散布後の生きものの生息に差異があることは、農薬の免罪にはならない。むしろ風土の、田んぼの多様性の力を示しているものだろう。

4　百姓仕事は環境も「生産」する

百姓による「環境の技術化」

ただの虫の存在が「自然」の発見につながったことは前述したが、そうした生きものをただ好ましいというだけで、百姓は大事にできるのだろうか。ここに厄介な問題が浮上してくる。こうした自然の生きものの生死に農業技術がどう影響しているかの把握は、土台技術の役割とはいえ、なかなかしんどい。そういう研究はほとんど皆無だったし、そういう技術化も推進されてはこなかったからである。しかし、こうした土台技術を形成する手助けこそが、環境保全型農業の研究の最大テーマに据えられなければならないだろう。

二〇〇〇年に行われた福岡県のある地区の稲作研究会で、田んぼの中のヒメモロアラ貝・逆巻貝をホタルの餌だと知っていた百姓は七二人のうち一人もいなかった[17]。作物は対象化したのに、いまだに環境は対象化されていない。だからと言って、科学的に環境を分析することが一番重要だとは思わない。もちろん科学的な手法は大事ではあるが、やはり一枚一枚の田んぼや村々の環境を住民や百姓が実感し、自ら評価する土台技術を取り戻すことが先だろう。これを「環境の技術化」と呼びたい。赤トンボを、メダカを、平家ボタルを育てる稲作技術ができたとして、それを好ましく感じ、行使する百姓が増えていかねばならないからである。

カブトエビによる濁り水の除草活用という技術化によって、有機物、ミジンコに始まる食物連鎖に百姓の目がいくようになった。合鴨稲作の技術化によって、田んぼの中の生きもののにぎわいは、循環する資源(合鴨の餌)として見えるようになった。ただし、生きもののにぎわいを取り戻すこと、つまり環境を豊かにする課題を農業技術だけがひきうけるわけにはいかない。むしろその前に、そうした生産に必ずしも寄与しない農業生物に代表される自然環境を、国民みんなのタカラモノとして評価し、大切にする文化(それは、そうしたものを生み出す農業を大事にする文化と同義だが)を育てなければならない。そういう「環境の社会化」は、最終的には政策に反映されなければならない。

とはいえ、当面は農業生物の豊かさを言葉にして国民に発信していく、百姓の新しい努力が必要である。頭のなかから生まれる言葉ではなく、実感として語るためには、環境の技術化の質が問われる。そこにどういう土台技術を形成できているのかが問われるかもしれない。昔は当然のように存在していた農業生物を、農が生み出したものだと胸を張り、表現していく百姓たちの姿は、まぎれもなく、いままでなかった新しい農業なのである。

生産力の概念の転換

生きものの多様性や環境を視野に入れると、どうしても従来の「生産」という概念の貧困さが気になりだす。これまでは、生産力が高い状態とは、生産量(収量)が多いことを意味していた。いかに収量を上げるかを目的としてきたのが、近代化技術である。

しかし、その結果、土はやせ、水や空気は汚れ、生きものは激減し、風景は荒れ、化石エネルギーの多投によって投入したエネルギーのほうが生産した食べもののカロリーより多くなってしまった。また、農業の衰退はとくに都市部や山間地の地域社会の活力をそぎ、多くの百姓は生きがいを見失い、そもそも安全であるはずの食べものの安全性さえ疑われている。はたして、生産力が向上したと言えるのだろうか。さらに、こうした「農的環境」が貧困になることによって、収量の維持も困難になってきている。

図2―9では、未来技術は収量だけでなく、これらの農的環境をも豊かにしていかねばならないことを表現した。八角形が外側にふくらむほど、それぞれの指標が豊かであることを示している。このように生産力の概念を転換していくなかではじめて、生きものの多様性もまた生産の大切な一翼を構成していることが認知されるだろう。

今後の農業は、有機減農薬栽培による安全性の追究からさらに進んで、自然環境を形成する農業技術としての体系をもたねばならない。戦後の近代化技術の開発は上部技術に偏っていたから、画一化に陥っていく。先駆的な総合防除の技術も、試験研究機関内で上部技術として完成させようとして、百姓の土台技術をあてにしなかったために、多様な展開ができなかった。IPMで言うManagement の主体は、百姓でなければならなかったのだ。

これからの環境形成を射程におさめる技術は、土台技術をベースにするから、人間的で、風土的・個別的で、多様に見える。それは、普及性や普遍性がないように思えるだろう。また、画一的な

図2―9　生産力の概念の脱構築のモデル

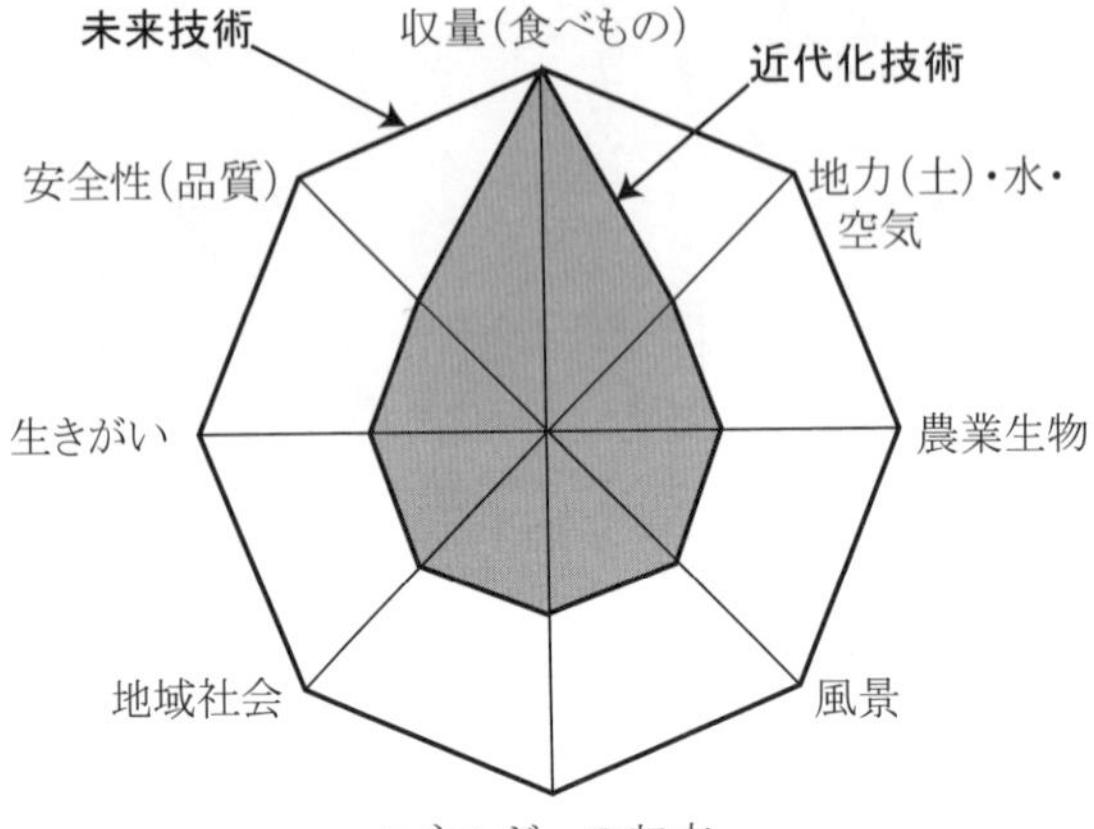

(資料) 筆者作成。

指導やマニュアル化がしにくいものになるだろう。県下全域に通用する技術ではなく、その地域、その田んぼ、その百姓にしか通用しない技術こそが、最良の技術かもしれない。

だからこそ、試験研究や農業指導の体制もそれに対応した姿勢と思想をもたねばならない。完成された上部技術を百姓に普及する姿勢ではなく、土台技術を刺激するだけ、素材を提供するだけ、問題点を鋭くえぐるだけの研究でもいいと思う。それを受けて、百姓がボールを投げ返せばいいのだから。「まだ研究段階だから」などという排他性は、葬らねばならない。土台技術は百姓の田畑でなければ深まらないのだから、少なくとも試験研究の情報は、田畑に降り立たねばならない。そこには、人間と自然環境の豊穣さが手を広げて待っている。(18)

そして、百姓もまた立派な「研究者」だと位置づけねばならない。とくに、土台技術の研究を社会は依頼しなければならない。

トンボもメダカも「生産物」

次に、「生産」の概念を狭く考えてしまった戦後の近代化を問い直してみよう。日本人は、米も赤トンボも、涼しい風も彼岸花の風景も、〝めぐみ〟だと感じている。しかし、米だけが生産物で、他は「機能」にすぎないというのでは、〝めぐみ〟は理論化できない。「生産か、環境か」を迫る、近視眼的な二者択一論がはびこる原因になる。

そこで、「生産」の概念を大きく転換しよう。トンボもメダカも涼しい風も畦の花も棚田の風景も、「生産物」と考えたらどうだろうか。負荷を減らす程度の技術を探るのではなく、「生産」を広く深く、豊かにする方法を創造していくのである。生産の定義をやり直すことこそ、近代化を超える新しい農業観の土台に据えたい。

百姓仕事は自然環境も「生産」していると定義することによって、はじめて百姓仕事のなかに、自然を位置づけられる。カネになるものしか「生産物」と認めない価値観がもう四〇年も続いてきたのだから、簡単にはいかないぐらいのことはわかっている。しかし、いかに近代化精神に侵されてはいても、カネにならない〝めぐみ〟が百姓仕事によって支えられていることは、認めざるをえないだろう。それを「生産」と呼ぶことで、農業の本質が見えやすくなる。それがうけいれられるぐらいに、近代化はゆきすぎていると思う。

「生産」の概念を自然環境を含むものにすると、どういう効果が期待できるか列挙しておこう。

①百姓仕事の全体が見え、評価の対象となる（普及活動、農業指導の範囲は広がり、深まる）。
②従来の「生産」から脱落していった豊かな資源が再評価され、ふたたびたくわえられていく（資源循環型の農業のイメージが広がる）。
③生物多様性を農業に位置づけることが可能になる（環境保全の技術研究・普及が本格的になる）。
④農的くらしの豊かさが、きちんと見えてくる（サラリーマン並みという尺度が時代遅れとなる）。
⑤新しい農政の展開がやりやすくなる。
⑥農業の存在への国民の合意が得やすくなる。

⑦農業が維持してきた「公」の縮小に歯止めがかかり、もう一度「公」的なものへ「私」を転換できる。
⑧農業教育の範疇がはるかに広がり、豊かになる。

5　人間の感性に訴える土台技術

土台技術の有効性は百姓だけのものではないことが、はっきりしてきた。土台技術は子どもたちや消費者の感性によく訴える。ここに人間にとって大切なものがあるからである。

田んぼは二四〇〇年間ずっと、稲を育てる仕事をするところであった。ところが、最近になって、学んだり、遊んだり、楽しんだりするところにしようとする試みが全国各地で始まっている。かつて、村の子どもたちにとって、田んぼの仕事を手伝うことが、学び、遊び、楽しむことでもあった。それを新しいスタイルでよみがえらせようというのである。これを私たちは「田んぼの学校」と呼ぶことにしている。主催者は、百姓でも、農協・生協・市町村でも、小学校・中学校あるいは大学でも、かまわない。

これまで述べてきたように、稲作や田んぼについては表面的なことしか伝わっていない。だから「農」をもっと広く深く教える新しい「理論」が必要なのに、相変わらず面積や生産高などの数値化できる世界や、田植えや稲刈りという上部技術の体験に終始している。私は土台技術こそ伝えるべきだと提案したい。田植えにしても、「苗を土に挿し込む」作業(上部技術)だけでなく、土の感触や水の感覚、風の香り、泳いでいる生きものがどういう土台技術によって支えられているかも感じとれるような体験をめざしている。農業の近代化は、田んぼから人間を引き離してしまい、いよいよ百姓仕事の土台部分が見えなくなっているからである。

百姓仕事のなかの驚きや、楽しみ、むずかしいところ、迷うところを、うまく子どもたちに体験させたい。たとえば「共生」という概念がある。でも、「自然との共生」を頭の中だけで理解しているよりも、「向き合う」「つきあう」「折り合う」「ゆるす」、あるいは「あきらめる」「憤る」「誇りに思う」などという、百姓仕事のなかで感じるものがわかるなら、共生はもっと目線の低い、豊かな思想になるだろう。生物多様性という考えも、自分自身で実感できなければ、人生を支えるものにはならない。まして、自身を御していく規範にはならないだろう。

農業の「公益的機能・多面的機能」は、人間のかかわりのないところで発揮される「機能」ではない。人間がかかわった〝めぐみ〟としてそれを実感する場を、田んぼの学校は準備している。田んぼの学校の深い目的は、百姓仕事を自然環境につなげる〝まなざし〟の獲得にある。

(1) 宇根豊「減農薬稲作から、環境稲作へ」『農総研季報』第四一号、一九九九年。
(2) 柳父章『翻訳の思想』平凡社、一九七七年。

(3) 宇根豊「農業が「自然環境」をつくる」『日本作物学会紀事』第六五巻第二号(「明日の作物学――新しい地平を求めて」シンポジウム要旨)、一九九六年。

(4) CVMの実施にあたっては、便益の推定にかかわる処理が必要である。しかし、ここでは会員である百姓の意識や価値観の差異をつかむことをねらいとしたので、これらの処理を省略した。

(5) 前掲(1)。

(6) 武谷三男は「技術とは人間実践(生産的実践)における客観的法則性の意識的適用である」と定義しているのに対して、技能は主観的自然的法則性の意識的適用だと説明している。的はずれな思考の典型だろう。このことについては後述する。

(7) だからこそ、土台技術が壊れていくことに鈍感になることができた。その結果、生産性向上という目的だけが独立できたとも言えよう。

(8) 「農薬を散布した田んぼに生きものはいない」という断定は、上部技術としての農薬の強力さを物語ってはいるが、農薬を散布した田んぼですら、生きものは田んぼごとに大いに異なる。それは土台技術が違うからである。

(9) 風土とは、まずその田んぼの立地条件を指す。次に、その立地の特徴をつかむ能力の伝承を意味する。それは、技術習慣(慣行)として地域の個性を示している。たとえば、稲の干し方は地域によって異なり、その家の伝承によって微妙に差がある。そこに風土を読むことができる。竹の多い村や家では竹の支柱が使われ、竹のない村や家では木が使われる。また、その間隔は風の向きや強さで異なる。それらは、伝承されている。

(10) よく踏みしめられる畦の中央部には踏まれることに強いオオバコやオヒシバなどが生え、田んぼのほうには湿気が好きなチドメ草やアゼムシロなどがはびこり、反対側には乾燥を好むチガヤや蛇の髭《ひげ》などが繁茂する。こうして畦の植生は安定し、畦は崩れにくくなる。

(11) 宮崎安貞『農業全書(巻一～巻五)』農山漁村文化協会、一九七八年。

(12) 前田俊彦『百姓は米をつくらず田をつくる』海鳥社、二〇〇三年。

(13) 侵入害虫であるジャンボタニシ(スクミリンゴ貝)の駆除・根絶が不可能だと悟ったとき、除草に活用する道が見えてきたのである。この技術は前原市の田中幸成らによって、地域ぐるみ(農協ぐるみ)で技術化された。また、極端な浅水管理によってオタマジャクシなどの生きものが激減する欠点は、稲も少しは食害されたほうが除草効果も安定するという「発見」によって、超えられようとしている。しかも、田中の「侵入生物だから、いつかいなくなるのではないかと心配になる」という言葉は、駆除や単なる活用を超えて、対象との深いつきあいから生まれた百姓のまなざしとして、感動する。

(14) 宇根豊『環境稲作のすすめ』環境稲作研究会、二〇〇二年。

(15) 守山弘『自然を守るとはどういうことか』農山漁村文化協会、一九八八年。

(16) 多くの農法の名前が上部技術の特徴によって呼ばれるのは象徴的である。土台技術が名前を表すことはきわめて少ない。

(17) 天敵のホタルが少ないせいか、糸島地区では一九八八年に、田んぼでヒメモロアラ貝や逆巻貝、水路でカワニナが大発生した。

(18) 「誰にでも使える技術にしないと、篤農技術に偏る」という反論を聞くこともあるが、土台技術を「篤農技術」と見てしまう体質に、近代化技術の特質がある。篤農的な部分にその人の土台があり、その部分に働きかける言葉を失ったからこそ、上部技術の限界は超えられないままなのではないか。

第3章

環境技術の形成——多面的機能技術化の方法論

1　〝めぐみ〟と技術

〝めぐみ〟を〝武器〟とするために

農業の〝めぐみ〟は、食べもの（農産物）だけではない。ユスリ蚊もオオジシバリ（畦に生えるキク科の花）も雁も涼しい風も蛙の声も、田んぼからの〝めぐみ〟である。これまで、前者は「生産物」で、後者はカネにならないものだと、位置づけられてきた。農業技術は前者を対象（目的）とし、後者は付随して存在するものと考えてきた。しかし、この高度に経済成長した国では、生産物の経済価値は低下の一途である。そこで、これまでカネにならなかった〝めぐみ〟（自然）が「公益的機能・多面的機能」として、新しい価値として、登場せざるをえなくなったと言えよう。

残念ながら、まだまだ、この「機能」は農業を救う〝武器〟となりえていない。なぜなら、①この武器をふりかざす相手を間違っているからである。②武器を手にして、救出作戦に出かける百姓が少ないからである。③武器の刃が研《と》がれていないから、切れないのである。私は、この鋭利な武器を百姓に手渡したい。

〝めぐみ〟（多面的機能）は、そのままでは武器にならない。それが技術の成果として見えてこなければいけない。さらに、政策で支援されなければならない。この「技術化」をもっとも積極的にはかれるのが減農薬、有機農業、環境保全型農業、自然農法などの実践に取り組む百姓である。一方、依然として環境負荷型農業(近代化農業)の「発達」はすさまじいものがあるし、それに本気でブレーキをかけようとする国民的なまなざしの形成は遅れている。安全性への疑念や、安全性を求める欲求は、むしろ食べものの安全性という内部価値を肥大化させただけで終わるのではないかと恐れる。

農業は環境にやさしいのか

多面的機能を論じる前に、整理しておかなければならない問題がある。「農業は環境にやさしいのか」だ。こうした設問が往々にして難題になるのは、技術を論じないからである。こう言い換えるといい。「農業技術には、環境にやさしい技術とやさしくない技術があるのか」と。

現時点では、「環境を破壊する技術」は明らかに存在する。近代化技術のほとんどは環境を破壊してきた。百姓にその自覚が希薄だから、農水省や農学者は「環境に負荷をかけている」と遠慮がちに表現しようとするが、事態は深刻である。水は汚染され、空気は汚染され、土は汚染され、生きものは激減し、風景は荒れ、植生は貧相になってしまった。

そこで、これらの環境への負荷を減らす技術が「環境保全型農業技術」だと言う。たしかに、環境負荷を減らす技術は、近代化技術の修正としては重要であり、しかもこれから環境保全のために最低限「義務づけられる技術」になるのではあろう。だが、それだけではあまりにも消極的である。自然環境へのまなざしの形成を主眼とする技術への脱皮が図られてもよさそうだが、そうはなっていない。

つまり、一方の「環境を守る技術」が見えなければ、「農業は環境にやさしい」という言い方は成り立たなくなる。懸命に多面的機能があると言いつのっても、もうひとつ腑に落ちないのは、それを支える技術が提示できていないからである。機能だけでなく、技術(仕事)をこそ論じなくてはならない。ここで論じるのは、久しく絶えていた「農業技術論」である。なぜ「技術」が論じられなければならないか。それは転換期を迎えているからである。旧来の技術論では把握・消化できない事態が、積もり積もっているからである。

多面的機能を支えている技術は、農業技術のどこに隠れているのだろうか。そもそも、そんなものが存在するのだろうか。従来の農学では見えなかった技術を百姓仕事のなかから見つけだし、それが見えなかった構造を解明する新しい方法論を提案したい。それは土台技術として位置づけられ、農業がいつも、あたりまえにあらねばならない思想的な根拠をも指し示してくれるだろう。それは、百姓が田んぼのまわりを歩くときの、足の下の土に伝わる重みのなかに、足跡のなかに、刻々変わる視線のなかに、訪れる風が通りすぎていく肌の感覚のなかに、そして一瞬のうちによみがえる経験の内にある。

こうした方法論が展開され、根づかなければ、多面的機能は言葉の戯れに終わり、環境デ・カップリングを手元に引き寄せることもできないだろう。なぜなら、多面的機能を支える技術を支えるのが環境デ・カップリングだからである。日本的な環境デ・カップリングは、こうした日本的な技術論によってはじめて姿を現し、その必要性を実感できるようになる。

たとえば「自然循環」と言うとき、私たちは自然循環のどこにいるのだろうか。私という人間と、メダカや赤トンボや糸ミミズ、彼岸花の間には、どういう関係が成り立っているのだろうか。こういう問いに、いまだに答えられないのである。新しい技術論では、それに答えねばならない。多面的機能論が国民のものになるためには、新しい技術論が生まれなければならない。

多面的機能を支える技術が見えない

そこで、多面的機能を検討していこう。

まず、多面的機能の代名詞のように言われる田んぼの「洪水防止機能」。この機能を支える技術は、現行の稲作技術のなかには見あたらない。百姓であれば、雨足が強くなったら、できるだけ田んぼに水を溜めないようにするのが、まともな対応技術である。すぐに水口《みなくち》からの流入を止め、水尻《みなじり》からの排水を促す技術ならある。畦の決壊を防ぎ、稲を冠水させないためである。それが稲と田を守る稲作技術である。

洪水防止機能を高めるには、畦を高くすればいい。しかし、棚田の畦は低い。わざと畦全体から早めにオーバーフローさせて、崩壊を防ぐのである。あえて「ダムの機能を発揮させる」ために湛水するなら、稲の冠水による被害や病気の発生、棚田では畦の崩壊を覚悟しなくてはならない。そうは言っても、結果的に雨水は田んぼに溜まり、下流の洪水を防ぐ。だが、意識して行使しているわけではない技術を、誰が自慢できるだろうか。ここに多面的機能を理解するときに最大の難関がある。つまり近代化技術には、多面的機能を増進する技術が見あたらないのである。

次に、「水質浄化機能」を見てみよう。田んぼでは、水中の養分をできるだけ稲に吸収させるように水管理されてきた。水は里山の養分や河川のミネラルを溶かし込み、集めてくる。その養分を稲が吸収する。水質を浄化するという発想は、まったく存在しない。まして、除草剤で草を排除する近代化技術にとって、「浄化機能」は冗談ではないかと思える。除草剤を含んだ水が田んぼから流れ出し、河川や海などの水質汚染や土壌汚染を引き起こしてきた。とくに、ダイオキシンを含む除草剤CNPの汚染は、全国に広がっていることが明らかになっている[1]。

また、かつては、代かき後や田植え後の田んぼから流れ出る水に含まれるプランクトンや養分は、多いほど川や海の生きものを豊かにしてきた。水田から流れ出る「負荷」によって水系が豊かになっていた側面を、見落としてはならないだろう。つまり、稲作技術には水質を浄化する技術は見あたらないのである（にもかかわらず、代かき時期を除けば、田んぼに流入する水が田んぼから出ていくときには、かなり養分を稲に吸収されて、きれいになっていくのも事実ではある）。

さらに、「水源涵養機能」も技術化されてはいない。百姓が水を大事に大事に、くり返しくり返し使いつづけてきたのは、水が足りないからである。たしかに田植えが終わると、水田の周辺の井戸の水位は上昇する。しかし、百姓に水源を涵養しようという気はさらさらない。そういう技術も存在しない。田植え後の川の流量がいかに極端に減ってしまうかを思い浮かべるといい。

たとえば、熊本市の水道水はすべて地下水である。ところが近年、取水量は増えていないのに、地下水の水位が下がってきている。それは、上流の水田地帯の田んぼが減反で減少したのが原因であることがつきとめられた。そして、上流の町村の減反田に水を溜めることを条件に、「環境支払い」を熊本市の財源で支出している。じつに天晴れな着眼点である。ただし、これは減反田への湛水が支払い対象の条件であり、稲を作付けしている田んぼは支払いの対象外である。そこには水源涵養技術は行使されていないことになる。

「生物育成機能」ぐらいは技術化されてもよさそうだが(現に福岡県糸島地区などでは先駆的な事例が現れている)、ほとんど手つかずだ。現在の稲作技術に、オタマジャクシやメダカやトンボのヤゴやゲンゴロウやホタルを殺さない水管理の技術はまったくない。虫見板の登場以前は、農薬散布技術も害虫排除一辺倒であったし、いわゆる農業生物の実態すら、ほとんどつかめていない(ここを切り開く「生きもの調査」については後述する)。生きものを育てる土台技術を見つける思考方法(まなざし)を明らかにしなければ、農業が生物多様性を育て守っていくことは無理なのである。

そして、「風景形成機能」は実感しやすいにもかかわらず、技術に組み込まれてこなかった。畦草刈りの労働は、コストを引き上げると目の敵にされている。畦草刈りは飼料・肥料の収穫技術から、風景形成技術・生きもの育成技術への価値転換を果たせないまま、滅びようとしている。これでは、コンクリート畦畔を理想とするような近代化思想の跋扈を許しかねないだろう。全国的に畦への除草剤や抑草剤の散布が激増している。[2]畦草刈りが水田の風景・雰囲気と生きものたちの生活にどれほど大きな役割を果たしているのかを、急いで解明せねばならない。

多面的機能を支える技術の存在を見つける道筋

それにしてもなぜ、現在の稲作技術はこうした多面的機能=公益的機能を発揮させる構造を持ち合わせていないのだろうか。じつは、こうした公益的機能は、もうひとつの「公益」と対立する構造にある。もうひとつの「公益」が、かつては唯一の「公益」であった。つまり、食料の生産である。多面的機能を食料生産技術との関係で分析すると、次のようになる。

①【洪水防止機能】水を溜めすぎると、稲の生育が悪くなる。
②【水質浄化機能】水質をよくするために肥料を減らすと、稲の生育が悪くなる。
③【水源涵養機能】地下水供給を増やすために土の透水性を高めると、稲の生育が悪くなる。
④【生物育成機能】田植え後の生きものを守ろうとして水を溜めると、稲の生育が悪くなる。
⑤【風景形成機能】頻繁に田んぼに足を運び、畦草刈りもきちんとやれば、稲作の労働生産性は低下する。

つまり、食料・農業・農村基本法が言う「多面的機能」は、近代化技術と対立する技術によって支えられているのである。かつては見えていたその技術が、近代化技術によって視野の外に追いやられたと言うべきかもしれない。ここに多面的機能の技術化が遅れている原因がある。稲の生産性より「環境（新しい公益）」を重視しようとするなら、そのための農業技術の再発見と、環境農業政策が必要であろう。にもかかわらず、決して多面的機能は空論ではなく、実体がある。それでは、そのための技術はどうしたら形成できるのだろうか。

2　与えられる機能でいいのか

与えられる多面的機能と公益的機能の悲しさ

農業のもつ多面的機能に着目する論は、この国の農業を守っていく新しい思想のように見える。しかし、それは百姓仕事のなかから出てきた思想ではない。その証拠に、前述したように、多面的機能を支える技術は現代の稲作技術にはない。

次に、もっと大切なことがある。百姓は決して、こうした機能を公益だとは思っていない、ということである。なぜなら、百姓にとって長い間、公益とは生産を上げることでしかなかった。「国民に食料を供給するために、日本農業はある」と言われつづけてきた。そのためには、生産に寄与しないものは犠牲にせざるをえなかった（言うまでもなく、百姓は決して国民や国家のために生産しつづけてきたのではない）。

ところが、公益だと言われ始めたものは、かつては私益として、かえりみられなかったものばかりである。夏の熱い日差しを避けるために植えた緑樹や、ホタルが交尾しやすいようにと残した小川の横の茂みは、生産効率を上げるための圃場整備の邪魔になるといって、伐られてしまった。いまとなって、都会からやって来た人にも木陰を提供するとかビオトープには茂みが必要だなどと言われても困る、というのが本音なのである。

いつから、どういう理由で、私益は公益に格上げされたのだろうか。釈然としないままである。深い反省と後悔もないまま、世の中はいつの間にか確実に変化してきたようだ。しかし、行政はともあれ百姓は、カネにならないモノ、つまり私益の大切さを身をもってわかっていた。公益的機能などとむずかしく言うから、つい百姓も借り物の言葉で、「洪水防止」「水源涵養」「大気浄化」「生物育成」「保健・保養」などと表現してしまう。自分の言葉でないから、説得力に欠ける。そこで発想を変えて、「それでは、あなたが百姓していて、いつも感じている〝めぐみ〟とは何ですか」と尋ねてみるといい。言葉はとめどなく湧いてくる。

「田の草取りをして、ふと顔を上げると、赤トンボが集まって来てね、私のまわりを舞うのには感激するね」

「畦草刈りを終え、棚田の一番上の畦に腰掛けて見下ろすときは、くり返しくり返し、田をつくってきた先祖からの時間の流れにジンとくるな」

「家の前の水路で、子どもたちがメダカやフナを獲っているのを眺めるのはいいもんだ」

しかし、こうした実感は自己満足の、きわめて個人的な感慨にすぎなかった。こうした私益が身近な地域を支えていることは、あたりまえすぎて公言する必要のないものだった。

〝めぐみ〟から「機能」への回路

いみじくも多面的機能と表現せざるをえなくなったものの実態について、もう少し考えてみよう。田んぼの存在によって、洪水や地滑りが防がれる。田んぼの中は涼しいし、田んぼから住宅に吹いてくる風はすがすがしい。田んぼで蛙は鳴き、トンボは生まれ、サギが舞い降りて餌をついばむ。田んぼの畦は、秋には彼岸花が咲き、春にはキンポウゲの花が咲き、草刈りされた畦の風景には心安らぐ。

こういう現象は毎年毎年くり返され、あたりまえにいつもそこに生じるものである。いわゆる自然現象であった。それをあえて、水田の「機能」と表現せざるをえなくなったのは、どうしてだろうか。それは、まず①そうした機能が衰え、危機に瀕するようになったからである。次に②そうした機能まで持ち出さないと、カネになる農業生産だけでは、農業が維持できなくなったからである。現実には、①の危機感も②の危機感もこの国の百姓には薄い。

なぜなら、この①と②の危機がじつは農業生産の危機だという認識がないからである。そういう意識構造に百姓自身が染まっている。これこそ、近代化技術を推進してきた価値観であった。つまり、多面的機能によってじつは農業生産も支えられてきたことを、近代化技術は忘れ果てているのである。農学もまた、その〝しくみ〟を明らかにできなかった。

百姓はこれらの現象を「機能」として認識することはなかった。それは自分が生きていく場の「現象」であり、言葉を換えれば〝めぐみ〟であった。それでは〝めぐみ〟と「機能」とはどういう関係にあるのかを、第2章を受けてもう一度整理しておこう。

「機能」とは〝めぐみ〟の意識された状態である、とも言えよう。〝めぐみ〟には前述の①と②の危機感がない。くり返すと、①と②の危機感によって、〝めぐみ〟を「機能」として意識できるかもしれない。だが、多くの論者は〝めぐみ〟と「機能」をつなごうとすらしない。私は〝めぐみ〟を大事にしながらも、「機能」という概念を活かす道を提案したい。

もういちど〝めぐみ〟に立ち戻って、そこから「機能」へと導き、そして「仕事」へ、さらに「技術」へと向かう回路をつくらなければならない。そういう回路を形成する思想が、なぜかこの国の農学や農政には希薄である。その原因のひとつは、①と②の危機感が本気ではないからである。もうひとつの原因は、もっと深いところにあるが、後にくわしく論じたい。

3　有用性を超える土台技術

結果を意識しない土台技術

さて、多面的機能を支える農業技術が現在の農業技術には見あたらないとすれば、どこにあるのだろうか。田んぼに水が溜まるのは、自然現象ではない。畦があり、畦の手入れが行われているからである。その畦の手入れという、近代化されないで残っている仕事（支えている技術）に目を向けてみよう。

現在では、畦塗りや畦草刈りや畦歩き（田回り）は、労働時間の短縮を妨げ、コストを引き上げていると、目の敵にされている。だから、畦塗りの代わりに畦波板が、畦草刈りの代わりに除草剤散布が推奨され、田回りの時間は省くように指導される。しかし、畦塗りによって畦からの漏水は防がれ、高さも五㎝は高くなる。畦草刈りや畦歩きによって、畦の強度は増す。こうした技術が行使されているからこそ、「田んぼはダムにもなりうる」ことが、表現されずにいる。畦草刈りによって「水がきちんと溜まるようにする」ことと、洪水防止機能は、同じ現象を別の言葉で表現しているだけだ。ところが、百姓の実感としては別物に見える。それはどうしてだろうか。

百姓が田んぼに水を張るのは、稲がよく育つためである。洪水防止は目的ではない。だが、同じ技術によって達成される。目的としていないもの、意識していないものまで、生産してしまう技術があるのだ。これが自然に働きかける技術の本質である。なぜなら、自然の全体を人間は把握できないし、コントロールできない。つまり、自然に働きかけた結果の一部しか、働きかけた当人はつかめない。目的が達成されたかどうかすら、十分につかめないことが多い。

このように〝めぐみ〟とは広大なものである。農業生産物とはその一部であり、洪水防止機能も一部にすぎない。一方、こうした豊かさを意識する眼を近代化技術は持ち合わせていない。単一な目的を追求する上部技術だからである。

畦を歩くことによって、畦の土はしまる。畦草は踏まれるところと踏まれない部分で種類が変わり、多様な植物が多様な根の張りを生み、崩れにくくなる。しかも、田回りによって畦の状態は不断にチェックされ、モグラの穴などもすぐに埋めることができる。しかし、人間がよく通る部分は草も伸びないが、そうでないところは草がすぐ伸びる。そこで畦草刈りが必要になる。

それをコンクリートの畦(近代化技術・上部技術)で代替するとしよう。たしかに、田回りは大幅に縮減できるだろう(もちろん、畦草刈りも)。けれども、畦の多様な植生は消え、生きものの住処はなくなり、風景の柔らかさも失われる。さらに重要なのは、田回りの時間によって感じ取られていた世界がすっぽり失われることだ。稲と向きあう時間は減り、生きものと接する時間は減り、涼しい風やたおやかな風景に包まれる時間は消失する。それは誰でもわかることだが、コンクリート畦はそれを補って余りあると、説得されてしまう。なにより、畦を歩き、田を見て回るのは技術ではない、といまでも考えられている。

ところが、洪水防止機能を評価する人が、こうした近代化される前からの土台技術によって、その機能が発揮されていることを、言おうとしない。ここにこそ、多面的機能が百姓のものにならないワケがある。農業には、結果が百姓に意識されていない技術、つまり土台技術が厳然としてある。ところが、結果が意識されないことがない工業的な技術論で農業の技術を見るから、土台技術が見えないのである。では、それをどうして意識すればいいのかを考えよう。

工業的な技術思想の限界

私たちは、技術は人間がつくったものだと考えている。したがって、人間がその全工程と結果を把握・管理することを目標におきたがる。たしかに、全工程を科学的に把握し、管理できなかったから、多くの工場では公害を引き起こした。それは、現在も続いている。

しかし、この把握・管理という概念は、農業技術のすべてにあてはめられるだろうか。ここに「環境の技術」の最大の難関がある。百姓仕事には、人間が成果を「意識できない技術」が含まれている。工業では「意識しない技術は、技術の名に値しない」から、馬鹿にされ、議論の対象とされない。ここに工業の技術論の陥穽がある。たとえば工業の技術論を代表する武谷三男の有名な定義によれば、「技術とは生産(実践)過程における、科学的な(合理的な)法則性の意識的適応である」(3)。この定義は農業の上部技術の大半には適用できるが、土台技術にはまったく適用できない。生産技術には適用できるが、環境技術には適用できない、と言い換えてもいい。

たとえば、従来所与のものと見られていた自然環境も、土台技術によって形成されていることがわかった。つまり、自然環境を自然に働きかけた百姓仕事の結果だと意識したときに、自然環境から多面的機能が抽出されるのである。土台技術という新しい概念で考察したとき、意識できない自然世界にまで影響を及ぼしてきた仕事の存在が見えてきたのである。土台技術は明らかに存在するが、その土台技術によって引き出される〝めぐみ〟の全容はつかめない。まして、土台技術と〝めぐみ〟の関係も、一部が見えるだけである。その見える部分を「機能」として表現できるだけである。

そういう意味で、多面的機能はたしかに存在する。百姓はそれを意識することもある。しかし、それがどういう仕事によって支えられているかを意識することはない。したがって、武谷の工業的な技術論では、多面的機能を支える技術は存在しない、と結論せざるをえなくなってしまう。工業技術で、生産の全工程とその結果を人間が把握することをめざすのは、生産性（効率）を上げるためである。一方、農業は、自然の営みを維持する働きかけ（土台技術）があるからこそ、〝めぐみ〟を引き出すことができる。その〝めぐみ〟の一部が食料であり、多面的機能である。〝めぐみ〟は他にもいっぱいある。それを私たちは把握できないいだけだ（把握する動機が生まれれば、その一部は姿を現すだろう）。これが土台技術の豊かさであり、〝めぐみ〟の広大さである。

土台技術の百姓的な発見

土台技術の核は、人間が主体になって、何か（法則）を意識的に適応するものではない。逆に、危機をバネにして意識したときにはじめて、働きかけ（仕事）の影響が（一部）見えるのである。もちろん、意識しなくても、それは持続しつづける。それは、人間が主ではなく、自然のくり返しのなかに技術がうまく収まっているからである。アダム・スミスの言葉を借りれば、「人間といっしょに自然も労働している」からである。意識的にそうするものではなく、自然の循環のなかに入れば、そうなる。

田んぼに水を溜める仕事をすると、生きものである稲の生育は安定する。同じ生きものであるオタマジャクシの生も安定する。一つの仕事によって、稲もオタマジャクシも育つのである。この仕事とオタマジャクシの関係を意識しなければ、それは「自然」のままとどまり、意識すると〝めぐみ〟となるのである。

「水を溜める」という仕事によってもたらされる〝めぐみ〟は、もっともっとたくさんあるが、意識する契機がなければ見えない。「稲は稲だけでは育たない。オタマジャクシもいっしょに育ってしまう」。こう表現したら、奇異に感じるだろうか。これは人間主体の語り方ではない。つまり意識されていない現象であり、情感である。だから、こういう感性で田んぼに入っていると、土台技術の成果は見えない。

そこでオタマジャクシを〝めぐみ〟として意識して、なぜ稲は稲だけでは育たないのだろうか、とふり返るのである。すると、いままで自然現象と見えていたたとえばオタマジャクシが湛水を維持するための田回りという仕事と関係していることに気づく。その瞬間に、いままで見えなかった土台技術が見えてくる。ほんとうは、これが百姓にとっての多面的機能の誕生の瞬間である。

したがって、ここからの展開方向は、一本道になる。ひたすら自然と百姓仕事の関係を意識し、土台技術を見つけていくのである。ユスリ蚊やゲンゴロウやオオジシバリを支えている土台技術を見つけだすのである。そして、それは百姓仕事に支えられたユスリ蚊やゲンゴロウやオオジシバリの再発見になっていくのである。なぜなら、土台技術の結果としてのユスリ蚊やゲンゴロウやオオジシバリは、それまで漫然と見ていた生きものとは違って見えてくるからである。これこそ、土台技術の醍醐味である。(4) もちろん、ここの部分は次のように言い換えてもいい。土台技術を武器に自然と人間(百姓)の関係性を発見していく、と。

従来は、「目的とした機能の保持・増進」のための「合理的な法則性」の適応過程が「技術」であると考えられてきた。しかし、それは上部技術には適用できても、土台技術にはあてはめられない。それでは、〝めぐみ〟から「機能」を引き出すときに、大切なものがもれてしまう。それは、「機能」の引き出し方が貧しいからである。人間が意識できる法則性は限られている。法則性を意識していなくても、技術は創生する。したがって、百姓本人が自覚していないからと言って、そこに技術がないわけではない。現に、多面的機能のなかにもれているものの多さを、言っている当人が自覚できていない場合が多い。(5) これは科学の限界である。

自然環境を支える土台技術を評価する政策

多面的機能を支えているのは、近代化された上部技術ではなく、近代化の対象にならない土台技術である。カネになる生産物をいかに効率よく生み出すかを目的にしているのが近代化技術である。土台技術は生産の土台を支えている分、目的外のものまで支えてしまう。ところが、土台技術は評価されないままである。なぜなら、いまだに多面的機能の全容が見えていないだけでなく、見えているものもカネにならないからである。

しかし、その土台技術が自然環境を支えていることを百姓が意識し始めると、それが危機に瀕していることに気づく。ここまで来ると、新しい政策が提案できるだろう。ドイツのバーデンヴュルテンベルク州の例を紹介しよう。

百姓には二八種の草花のカラー目録が配布される。このうち四種以上の花が咲く草地には、デ・カップリングで助成金が払われる（一haに四〇〇〇円）。少ないと思う人も多いだろうが、平均経営面積が五〇haだから、そんなに少額でもない。それに、これは五〇種ある環境農業政策のメニューのひとつにすぎない（草地の草花から二八種を選び、さらに四種以上という基準を設けるのは、簡単なようで、かなり困難な作業であったようだ。それを支える研究と市民活動があったからできたのである）(6)。

こういう政策が実施されていることをどう考えたらいいだろうか。田舎の草地の花に価値を見いだす国民がいる。さらに、そうした花を美しく咲かせる農業技術が存在することを国民が理解しているのである(7)。牧草の収量を求めて頻繁に刈り取りすれば、花の種類は激減する。多肥にすれば、吸肥力の強い草ばかりが優先する。多様な花を咲かせるためには、農業の生産性が落ちる技術を選択しなければならない。それを補償しようというのである。つまり、牧草の収量を上げる収穫技術（上部技術）を二回以内に減らすことによって、野の花を咲かせる土台技術が見えてきた、ということではないだろうか(8)。

草地の花の調査は百姓自身が実施し、調査方法のマニュアルも配布されている。助成金は申請したい人だけが申請する。ＥＵ内では農産物の輸出入は自由化されているので、農産物の売り上げだけでは農業所得は維持できない。ドイツでは、多面的機能への助成金（デ・カップリング）は、じつは自然環境を支える土台技術を評価して農業そのものを守っていこうとする戦略なのである。多面的機能を単なる環境問題にとどめておいてはならない。

日本でも、土台技術へのデ・カップリングを要求する時期に来た。そのためには、多面的機能がどういう土台技術によって支えられているかを明らかにしなければならない。その方法論が形を現していないから、農業団体の政策要求に具体性と必死さが感じられないのである。

「有用性」の技術を超える

意識できないものを意識することは簡単ではないが、ここでは技術の目的を変えればいいと言っておこう。目的をもって仕事するとき、その行為は技術になる。そこでは、道具を使っているかどうか、科学的な法則性を適用しているかどうかなどは、問題にならない。自然に働きかけて、〝めぐみ〟を引き出す習慣を、多面的機能を最大限引き出そうとする意識にも適用すればいいのである。

ところが、多面的機能を目的にできるかが問われてしまう。いくら〝めぐみ〟だと言っても、それが「有用」であるかどうかが問われるのは、まだまだ危機感が薄いからである。にもかかわらず、農政や農学ではこの前提を疑うこともなく、多面的機能は有用であるという前提で議論は進んでいく。ここで、この「有用性」を問題にしたい。

はたして多面的機能は有用なものだけでいいのか、という問題を解決しなければ、〝めぐみ〟と多面的機能を結ぶことができないだろう。たしかに有用であれば、目的にできる。この場合の有用性とは、もちろん人間にとってである。しかもカネになる有用性なら、守ったり増進したりする動機は十分だが、現実には多面的機能はカネにならない。したがって、カネにならない有用性こそが多面的機能の本質であろう。この有用性を税金で支えようとするのが、環境デ・カップリングである。しかし、必ずしも有用性を証明できるものだけが多面的機能ではない。

蛙の鳴き声はいいものだ。代かき・田植えが終わったことを告げるからである。百姓でない人にも、夏の訪れを知らせる。これも農業の多面的機能にはちがいない。では、まるで自然現象のように、この国に満ちている蛙の声に、これ以上の意味はないのだろうか。

食料・農業・農村基本法に多面的機能が謳われながら、国民の農業を見る目がなかなか変わらず、百姓の自然へのかかわりが深まらない理由は、二つある。まず、多面的機能がどういう百姓仕事によって支えられているかが明らかになっていない。だから、多面的機能の増進に税金をつぎ込む「必要性」がわからない。次に、多面的機能の有用性をほんとうに国民は実感していないのではないだろうか。自然の有用性はあたりまえすぎて、意識しないからである。蛙の鳴き声に有用性をかぎつける人間はすばらしいが、かなり「異常」な人間のような気もする。もっとも、この「異常」さが現代人に求められている、と言えるかもしれない。

そこで、こう考えたらどうだろうか。代かきが終わらないと、蛙のオスがメスを求めて一斉に鳴き出すことはない。蛙は代かきという百姓仕事を待っている。代かきがすむと、水位は安定し、水は一挙にぬるむ。オタマジャクシの餌である藻類やユスリ蚊も生まれてくる。安心して産卵できるわけだ。(9)

じつは私は、周囲の田んぼより田植えを一週間遅らせる。ウンカの被害を回避するためである。(10)だから、一週間前からまわりの田んぼでは蛙が盛んに鳴いている。わが家のメス蛙は、その声につられて隣りの田んぼに行ってしまわないだろうかと、あるとき不安になった。

そこで二〇〇一年の六月、蛙(沼蛙・土蛙・雨蛙)を数えることにした。代かきのときは、これらの蛙はみな畔に避難している。だから、畔際を耕耘機で代かきしながら数えていった。すると、一匹一匹と目が合うのである。蛙は生まれた田んぼに帰ってくることがわかった。一〇aで約一二〇〇匹だった。もし私がその田んぼを減反したら、蛙はどうなるのだろうか。

棚田では、毎日田回りをする、モグラが畦に穴をあけ、水がもれ、畦が崩れるのが怖いからである。もちろんオタマジャクシの命を守るための田回りではないが、こうした技術があるから、オタマジャクシは守られる。蛙の命は百姓の掌中に握られている。

オタマジャクシは農と自然の研究所の全国調査によれば、一株あたりに一二匹にもなる。どうして、これほどの数がいるのだろうか。蛙は「益虫」で、多くの害虫を食べてくれるが、産卵数が多くないと、オタマジャクシは多くの生きものに食べられてしまう。オタマジャクシがいるから多くの生きものが田んぼに集まり、田んぼで生きられる[11]。

このように考えると、蛙の声の有用性も納得できる。しかし、蛙の声からこのように連想できる日本人は少ない。連想する習慣も、そのための情報もないからである。一方そういう連想をしなくても、蛙の声をいいものだと感じる感性は、文化として定着している。蛙の声がなかったら、日本の文学の相当部分が欠落しただろう。したがって、蛙を守る技術を形成するのは、さしてむずかしいことではない。むしろ、いままで生産性が劣ると思われていた仕事の評価を変え、百姓仕事から豊かな技術を抽出する清新な方法論が生まれる契機となるにちがいない[12]。

4　命をくり返させる技術

すべての生きものを大切にするまなざし

ところが、有用性が証明できなくても大切なものはいっぱいある。有用性が科学で証明されていない生きものも、水田稲作の歴史が始まって二四〇〇年間、田んぼで生きてきたのだ。それなりの働きをしていると考えるほうがまともな感覚ではないだろうか。

ユスリ蚊を例にとろう。この虫を知らない人は少ないだろう。夏の夜に電灯に集まってくる、蚊に似た虫だ。田んぼの上でも、よく一かたまりの蚊柱になっているのを見かける。この虫は害にも益にもならない「ただの虫」だと言われている。水田では、一〇aで一〇〇万匹を越える。[13]これほど多くの虫が何のために田んぼにいるか、誰も考えたことがなかった。生産に寄与しない、関係ないものだと考えられてきたからである。

ところが、ほんとうは百姓は気づいていたのだ。稲の葉に張るクモの巣に一番多くかかっているのがユスリ蚊だということに。また、ユスリ蚊の蚊柱に赤トンボや蚊取りヤンマが狂ったように飛び込んで食べている光景を見たことのない百姓はいないだろう。[14]ただし、関心がないから記憶に残っていない。

ユスリ蚊の幼虫もよく知られている。「赤虫」「金魚虫」などと呼ばれる、真っ赤な一cmほどのミミズのような虫で、どぶ川にも多い。この幼虫は、魚の餌になるだけでなく、ヤゴやゲンゴロウやオタマジャクシの餌にもなっている。田んぼの天敵たちを支える大切な生きものなのである。[15]しかも、この幼虫自身は田んぼの土の中の有機物を食べて分解し、稲へ養分を補給している。水田では無肥料でも施肥した場合の七〜八割の収量があるという地力の再生産力を支えている重要な存在なのである。ユスリ蚊の巣は、土でできた長さが一cmの細いひも状で、地面から生え、水中で揺れているので、よくわかる。調査するのは簡単だ。

こういうふうに見つめてくると、田んぼの中の循環の輪が少しは見えてくる。しかし、ユスリ蚊を育てる技術は、いままでまったくなかった。目先のカネになる技術だけが開発対象であり、循環など考えもしなかったのが近代化技術である。だから、農薬や化学肥料を使用するときにユスリ蚊への影響を考慮に入れる習慣は、いまだにない。

さて、気づいてもらえただろうか。私はいつの間にか、有用性でユスリ蚊を価値づけようとしている。ユスリ蚊はまだいい。ただの虫のなかでも、どうにか有用性が説明できるからである。だが、有用性や有害性が明らかになっている田んぼの生きものは、わずかである。ほとんどの生きものは、有用性が説明できない。だから、軽視され、平気で殺されてきた。

田んぼには生きものを育てる多面的機能があると言うのなら、現時点で有用なものだけでなく、すべての生きものを大切にするまなざしを育てなくてはならないだろう。その課題を誰がひきうけるのだろうか。

自然循環を支える技術

有用性を狭い意味でのカネになる生産から位置づけるのではなく、循環（持続）という観点から位置づけたい。その方法をこそ確立しなければならない。農水省の言う「自然循環型農業」が物質の循環だけを注視し、生きものの循環を等閑視しているのは、そういうまなざしを現在の農学が形成できていないからである。

すべての生きものには価値があるという発想は、総合防除の「農業生態系の管理」という提案から始まった。その思想は減農薬運動に引き継がれ、虫見板の発明でただの虫が発見されことによって、百姓のものとなった。「害虫だって、いなくては困る」「ただの虫は、ただならぬ虫だ」

という認識から、多くの環境技術が誕生していった。桐谷圭治はそれを「IPMからIBMへ」と総括している。[16] つまり、減農薬・無農薬という病害虫の管理から、生物多様性(Biodiversity)の総合管理へとまなざしは広がり、深まっていった、ということだ。

虫見板を使って田んぼを見ると、害虫よりも、益虫よりも、圧倒的にただの虫が多い。この「無用」の生きものを見つめる感覚から、「こんなにいっぱいいるのに、何をしているのだろうか」という疑問が生じるのは当然である。しかし、それに有用性だけでは答えられない。百姓は自分に言い聞かせるしかない。「昔から、稲と人間と、ずーっといっしょに生きてきた生きものなんだから、かけがえのないものではないか」と。つまり、現代の科学のレベルで有用性を決めるのではなく、とりあえず意識し、認知することが大切である。その意味では、「生物多様性」や「すべての生きものにはカミが宿る」というような概念はとても重要だ。

たかだかこの数十年だけの価値観で、自然と人間との豊かな関係を壊してしまうなら、二四〇〇年間の田んぼの歴史を担ってきた先人に申し訳ないだろう。もう一度、私たちのまなざしを生きものにそそぐ気持ちと時間を取り戻す道筋を、懸命に探したい。もちろん、当面一銭にもならないだろうが、そうした心根を抱いて生きていかねば、生きものに顔向けできないし、時代を切り開くこともできないのではないだろうか。

ほとんどの百姓が子どものころの思い出話に熱中する。その話題の中心を占めるのは、生きものをつかまえて遊んだことである。これはどうしてだろうか。生きものに囲まれて、否応でも生きものとつきあって、いっしょに生きてきたくらしが懐かしく、好ましく、望ましく思い出されるからである。これは、百姓仕事の成果であった。だから守らなくてはならない。こうなると立派な有用性だと言えよう。

〝ムダ〟なモノを育てる技術

そこで、議論を技術形成にすすめる。多面的機能を守り、豊かにしなければならない根拠が明らかになり、それを支える仕事が存在していることはわかったが、多面的機能を支える技術をどう形成するかが論じられていないからである。そのためには、農業技術の性格について、深い考察が必要となる。

たとえば工場では、工業製品しか生産できない。意識した目的物しか生産しない。〝ムダ〟なものを生産しない技術が求められる。それが「生産性向上」の手段だからである。ところが、近代化される前の百姓仕事は、ムダなものをたっぷり育てる。もちろん米の生産を目的にしているのだけれども、どうしても赤トンボも蛙もユスリ蚊も彼岸花も育ててしまうし、洪水も防いでしまうのである。そういう意識してこなかったムダを多面的機能として意識して評価しようというのだから、ムダを生み出す技術をも意識して形成しなければならない。

もう一度くり返すが、なぜ意識しなくてはならないのか。それは、何よりその多面的機能を支える百姓仕事が危機に陥っているからである（ＷＴＯの交渉のためというのは、方便にすぎない）。

ということは、百姓仕事によって支えられてきた多面的機能が危機に陥っているからである。つまり百姓仕事の危機と多面的機能の危機は、同じものなのだ。それを危機と意識するのは、価値を見いだしているからである。その価値を農業の価値だと位置づけなければ、危機感は百姓のモノにならない。百姓にそうした危機感がなければ、意識化はできない。この二つの危機をうまくつなげられるかどうかに、意識化の成否はかかっている。

全国で身近な生きものが「絶滅危惧種」に指定されている。福岡県では八〇三種が絶滅種、絶滅危惧種、希少種だが、そのうち三分の一以上が田んぼとその周辺の生きものである。メダカ、ドジョウ、タニシ、イモリ、殿様蛙、赤蛙、ゲンゴロウ、水カマキリ、豊年エビ……紹介していたら、きりがない。これらは、農業の近代化によって息の根を止められようとしている。しかし、まだ絶滅しているわけではない。

これらの生きものを守ることができるのは、百姓しかいない。たしかに、百姓は事態をある程度つかんではいるが、危機感は薄い。「そんなことに、かまってる余裕はない」という気持ちと「農業の近代化のもとでは、やむをえなかった」という悔いが入り交じって、整理できないでいるからである。この気持ちをどう解きほぐしていくかが重要である。

農と自然の研究所が二〇〇一年から提唱している「田んぼのめぐみ台帳づくり」の第一弾「生きもの目録づくり」は、この解消をねらっている。百姓が、百姓仕事の一部として、生きもの調査に取り組むことを提案し、ガイドブックを作成して配布した。[17] 二〇〇一年の結果が表3―1である。[18] この仕事(調査)は百姓のボランティアで行った。百姓がこうした「ただの虫・ただの生きもの」にまなざしを向け、その存在から何かを感じ取るとき、二つの危機がつながる端緒がやっと開かれる。

5　生物技術への道

生きものと食べものをつなげる

二〇〇一年の調査結果の平均値を眺めていると、深い思いに沈んでいく。これらの生きものは、何のために生きているのだろうか。この数値は、多いのだろうか、少ないのだろうか、多少を決める基準はあるのだろうか。[19] 多少にどんな意味があるのだろうか。これらの生きものに思いをはせることは、どんな意味をもつのだろうか。「循環」と言うとき、これらの命と私の命はどうつながり、どういう環になっているのだろうか。「持続」と言うとき、これらの生きものが毎年、毎年変わらずに生まれてくることが、気にとめられているのだろうか。「環境保全」と言うとき、これらの生きものへのまなざしは、強まっているのだろうか。

そういう思いに百姓を誘いたい。こういう場で、自分の仕事を、先祖の仕事を、子孫の仕事を、従来のカネになる生産から解き放って、もっと深く、もっと遠くまで見つめるまなざしが芽吹い

調査の結果(全国平均値、2001 年)

生きもの	10 a あたり個体数	1 株あたり個体数	ご飯茶碗 1 杯あたり何匹	1 匹あたりご飯茶碗何杯
ツマグロヨコバイ	46800	2.34	7	
稲ツト虫	520	0.026		13
稲泥負い虫	19000	0.95	3	
稲水象虫	33400	1.67	5	
アメンボ	374	0.0187		18
芥子肩広アメンボ	2100	0.105		3
肩黒緑霞亀	800	0.04		8
カマキリ	40	0.002		167
薄羽黄トンボ	1150	0.0575		6
秋アカネ・夏アカネ	2110	0.1055		3
糸トンボ類	780	0.039		9
塩辛トンボ・シオヤトンボ	7	0.00035		952
銀ヤンマ・蚊取ヤンマ	20	0.001		333
ヤマカガシ	1.9	0.000095		3509
シマヘビ	1.6	0.00008		4167
マムシ	0.7	0.000035		9524
草亀・石亀	0.2	0.00001		33333
イモリ	3.7	0.000185		1802
サンショウウオ類	0	0		0
ヒル	161	0.00805		41
青サギ	村あたり個体数 9	0.0000009		370370
大サギ	14	0.0000014		238095
中サギ	11	0.0000011		303030
小サギ	22	0.0000022		151515
アマサギ	13	0.0000013		256410
白鳥たち	1.7	0.00000017		1960784
雁たち	0.5	0.00000005		6666667
ツバメ類	74	0.0000074		45045
カラス類	67	0.0000067		49751
シギ・チドリ類	12	0.0000012		277778
カヤネズミ	11	0.00055		606

(注 1)ご飯茶碗 1 杯は稲 3 株分として計算した。
(注 2)村とはほぼ大字の範囲を指す。
(出典)農と自然の研究所、2002 年 3 月発表。

表3—1　田んぼの生きもの

生きもの	10aあたり個体数	1株あたり個体数	ご飯茶碗1杯あたり何匹	1匹あたりご飯茶碗何杯
オタマジャクシ	230000	11.5	35	
赤蛙	17	0.00085		392
ひき蛙	5	0.00025		1333
殿様蛙	59	0.00295		113
シュレーゲル青蛙	6	0.0003		1111
日本雨蛙	99	0.00495		67
土・沼蛙	1083	0.05415		6
ミジンコ(10日め)	33950000	1697.5	5093	
ミジンコ(20日め)	6330000	316.5	950	
ユスリ蚊	1120000	56	168	
糸ミミズ	1150000	57.5	173	
カブトエビ	24000	1.2	4	
豊年エビ	70200	3.51	11	
貝エビ	42000	2.1	6	
ゲンゴロウ類	528	0.0264		13
ガ虫類	614	0.0307		11
タガメ	1	0.00005		6667
タイコウチ	22	0.0011		303
水カマキリ	25	0.00125		267
メダカ：田	80	0.004		83
ドジョウ：田	146	0.0073		46
ナマズ：田	0	0		0
フナ：田	10	0.0005		667
タナゴ類：田	0.1	0.000005		66667
アメリカザリガニ：田	88	0.0044		76
丸タニシ	2870	0.1435		2
姫モノアラ貝、逆巻き貝	9080	0.454	1	
スクミリンゴ貝	4090	0.2045	1	
平家ボタル：田	32	0.0016		208
トビ虫	210000	10.5	32	
イナゴ	1600	0.08		4
背白ウンカ	34400	1.72	5	
鳶色ウンカ	4800	0.24	1	
姫鳶ウンカ	10400	0.52	2	

てくるだろう。それだけの土壌が百姓の心のなかにはまだあると考えるからである。

コンクリート畦畔や畦波板を拒否して畦塗りをするから、シュレーゲル青蛙は畦の斜面の土に産卵できる。ゲンゴロウやホタルは、畦の土の中で蛹《さなぎ》になれる。生きものを見つめるまなざしが、すべての農業技術の見直しを自分に要求する。それを「求められている」と感じたとき、すでに「意識化」の過程にあり、技術形成が始まっている。

時代遅れだと言われている畦塗りや畦草刈りは、水辺の生きものを育てる技術でもある。それが意識され、評価されたとき、それは環境技術になる。これらの畦の手入れ技術がユスリ蚊を育て、蛙を育て、さらに多くの生きものを育て、そして洪水を防ぐ技術にもなっている。この技術の多面性は、偶然ではない。すべての農業技術は、生きものと、稲と、水と、土によって、つながっている。これが多面的機能を支える農業技術の本質である。

表3―1を眺めてみる。一〇aの田んぼに、オタマジャクシ一三万匹、ミジンコ三三九五万匹、ユスリ蚊一一二万匹、タイコウチ二二匹、平家ボタル三二匹、丸タニシ二八七〇匹、トビ虫二一万匹、薄羽黄トンボ一一五〇匹、秋アカネ・夏アカネ二一一〇匹、ヤマカガシ一・九匹。こうしてはじめて数値が出せることは、すごい価値だと思う。こうして数えなければならなくなった悲しさが、新しい時代をリードする精神となるかもしれない。こうしたまなざしを農業技術のなかに埋め込むのが、百姓の新しい仕事、それを支援するのが新しい農学や農政の役割、その試みに熱い視線をおくるのが国民の責任としたい。

図3—1　ご飯と生きものの関係

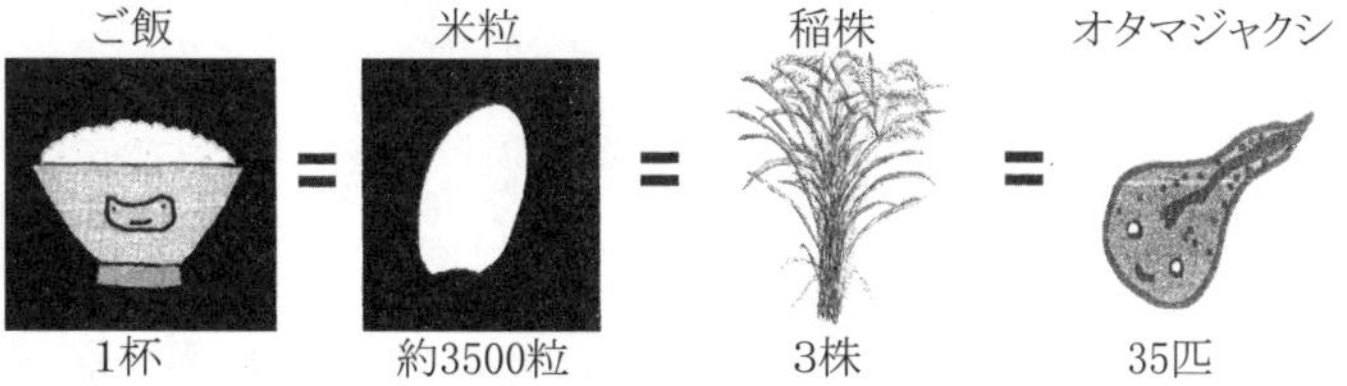

(出典) 農と自然の研究所のイラストポスター(宇根が作図)。

この表には重要な工夫が施されている。数値は当初一〇aあたり個体数で表現したが、多くのただの虫が農業生産の一翼を担っていることが明らかになるにつれ、これらの生きものと食べものとの関係を何とか表現できないかと考えた。そして、ご飯茶碗一杯(約三五〇〇粒、約稲三株)あたり(少ない種は一匹あたりのご飯茶碗数)の生きものの個体数で表現したのである。ここから、いままでにないイメージが誕生し、食べものと生きものの世界がつながりそうである。[20]

それを視覚的に表現したのが、図3—1である。ご飯茶碗一杯が稲株三株分であることは容易に理解できるようだが、それがオタマジャクシ三五匹とつながっていることが、多くの日本人には実感できない。その間を結ぶ技術が意識されてこなかったからである。

癒され、やすらぐ農業技術

どうして私たちは、何もいない川よりもメダカが泳ぐ川のほうがいい、何もいない空よりも赤トンボが舞う空のほうがいい、何も聞こえない夜より蛙の鳴き声が届く夜がいい、と感じるのだろうか。それは、生きものが毎年毎年、くり返し、くり返し生まれてくることに、深いやすらぎをおぼえるからだろう。だから、メダカのいない川、トンボのいない空、蛙の鳴かない夜は、不安なのである。何かがくり返せなくなっている、と感じるからだ。

このやすらぎが社会に満ちていた時代は、この〝めぐみ〟を意識することもなかった。このくり返し(循環とも持続とも言う)がじつは百姓仕事のくり返しによって支えられていたなんて、誰が考えただろうか。けれども、その循環のなかに、蛙も人間も食べものも、ちゃんと位置づけられていたのである。

この循環を土台にして、食べものは生み出されていると言ってもいい。「生産か環境か」ではなく、自然環境に抱かれてこそ、農業生産はくり返すことができる。だからこそ、農業技術は自然環境を守る責任がある。そこで新しい技術の一例をあげよう。

多くの生きものを育てるために、「田植え後三五日間は水を切らさない」技術を提案したい。そのためには、①ていねいな代かき、②入念な畦塗り、③頻繁な田回り、④定期的な畦草刈りなどが欠かせない。これは稲作の労働時間を増やし、コストを引き上げる。しかし、この労働時間とコストは確実に、この国の〝めぐみ〟を増やし、国民を癒し、やすらぎを届ける。この労働とコストを補償する政策が、生まれなければならない。ところが、農林水産省の資料を読んでいて、疑問が吹き出てきた。その資料は、日本農業の転換期がそこまで来ているのに、転換を準備できずにいる混沌を、よく表している。

「農業者の懸命な努力の結果、農業の生産性は着実に進展している」例として、「最近六年間で、水稲の労働時間は一四%短縮された」と自慢している。一方、同じ資料には「農林漁業は多面的機能を持っている。この機能を十分に発揮しなければならない」とも書かれている。[21]だが、この二つの自慢は両立できないのではないか。それがあたかも両立できると思っているまなざしを転換しなければ、政策もまた転換できない。

多面的機能という言葉だけで、わかったような気になってはいけない。多面的機能を活かす技術も、それを支える政策も、いまから形成しなければならないのである。それを、いままでどおり農業試験場や大学や霞ヶ関に任せっぱなしにできないぐらいに、危機は進行している。百姓がそれをひきうけていくしかない。それは決して困難な道ではない。百姓が個人の思いで支えてきたカネにならない〝めぐみ〟こそが、国民共通のタカラモノでもあるのだから。

二つの生産の原理

二つの生産の原理を考えてみた。
原理Ⅰ：多面的機能に支えられて、農業生産は成り立っている。
原理Ⅱ：農業生産は、多面的機能を守らなければならない。
原理Ⅰが、多面的機能の本質である。原理Ⅱが、農業生産の本質である。原理Ⅱは、有機農業、環境保全型農業、自然循環型農業がめざすものと言ってもいいだろう。だから、百姓仕事が亡ぶと多面的機能も亡ぶのである。

農業生産は多面的機能によって支えられていると考えるか考えないかで、農業技術は大きく変化する。赤トンボはどれほどの益虫だろうか。たいしたことはないかもしれないし、すごい働きをしているのかもしれない。まだ誰にもわからない。そもそも、どれほどの赤トンボが田んぼにいるかが、わかっていないのだから。幼虫のヤゴの働きになると、いよいよわからない。だからといって、それが証明されるまでは態度を保留しておく、というのは通用しないだろう。

多面的機能にまなざしを向け、多面的機能がどのように生産を支えているかをつかもうという姿勢を百姓が確立すべきである。それがこれからの農業生産の原理でなければならない。「なぜ、それを百姓がやらなければならないのか。試験場や大学の役割ではないか」と言う人は、自然環境の本質を理解できていない。自然環境の本質と多様性は、そこに住み、そこで仕事をしている人間にしかつかめない。身のまわりの環境を語れない人が、一般論としての自然環境を語るのは、危険きわまりない。次に、そうした活動への支援が政策の目的にならなければならない。

ここで気づくだろうか。原理Ⅰと原理Ⅱは、同じ現象の裏と表だということに。

原理Ⅰは意識化されてこなかった世界であり、まったく技術化されていない。しかし、百姓仕事のなかには多面的機能を守るしくみが存在するから、どうにか守られてきたのである。

原理Ⅱは、多面的機能の有用性を確保するために、ぜひとも技術化しなければならない。ようやく問題点が整理できた。原理Ⅰの技術と原理Ⅱの技術は、同じ技術の両面である。つまり、有用性と無用性、意識と無意識は対立しているのではなく、技術を見つめるまなざしの未熟さによって、そう見えるだけのことだ。これを私は「環境の技術」と命名したわけである。

生まれたばかりの生物技術

近年、にわかに農業土木事業が変身してきた。土地改良法は「環境への配慮」を明記し、「環境にやさしい技術」「生物技術」（便宜上ここでは「生物技術A」と呼んでおく）が研究され、提案され、試行され始めている。たしかに、いくら有機農業技術を行使していても、圃場整備で生きものが激減しているのは事実である。二〇年間の農薬多投にもかかわらずに生き延びてきた生きものたちが、圃場整備によって息の根を止められた。メダカやドジョウなど多くの魚類やイモリや赤蛙などの両生類が絶滅危惧種になったのは、圃場整備が原因である（七一ページ参照）。

この新しい「生物技術A」が生まれた要因は三つある。

①河川工事に生態系への配慮を求める市民運動に、当時の建設省が応えた「多自然型工法」の影響が、農業分野にも及んだ。

②農業工学に「農村整備」という分野があり、農村の環境が悪化していることへの憂慮から対策が考えられ始めたことも事実であろう。農村の多面的機能を具体化しようとする動きは評価しなければならない。

③一方で、圃場整備がほぼ行き渡った結果、このままでは「公共事業」が村からなくなるのではないかという危機感があり、新たな「環境事業」を求める欲求と合致したとも言える。

この技術の大きな特徴として、環境調査が組み込まれた。農水省の調査によって、水路の生きものの実態が明らかになろうとしている(これも「生物調査Ａ」と仮に命名しておく)。

一方で、こうした生物技術が圃場再整備を含めて普及しても、圃場のなかの生産技術にもうひとつの「生物技術Ｂ」がなければ、生きものは守れない。たとえば、生物技術Ａによってメダカが田んぼに遡上したとしても、田植え後三五日は絶対に落水しないという生物技術Ｂがなければ、つまり間断灌水という技術が行使されれば、メダカは育たない。生物技術Ａはカネになる新たなしくみ(政策転換)が実現したのに、生物技術Ｂを評価する政策がいまだに不在なのである。そして、生物技術を形成するための「生物調査Ｂ」もやっと形成され始めた段階である[22]。

このように、自然環境を守るための配慮・取り組みは遅々として進んでいない。いわゆる環境保全型農業は、環境負荷を軽減する技術で精一杯だ。しかも、農薬散布の回数と肥料を減らすことに限定されている。天敵農薬などもメニューに加えられてはいるが、新たな「環境にやさしい」資材の投入に終わっている。しかし、土着生物相への影響評価もしないままに導入されたマルハナバチが自然破壊の原因になったように、新たな問題を引き起こしている。環境負荷を減らす技術は、近代化技術の修正として重要ではあり、しかもこれから環境保全のために最低限「義務づけられる技術」になるのではあろうが、それだけではあまりにもさびしい。

6　環境技術の誕生

風景を守る技術

風景を美しくする技術として、棚田での稲作技術を分析してみよう。最近、棚田保全と称して、畦をコンクリートにする事業が各地で始まっている。米の生産装置としてだけ棚田を見るならば、それは有効だと認める。しかし、彼岸花を植えたり、畦草刈りのボランティア活動が起きていることに注目するなら、愚かな事業だと忠告したくなる。いったん舗装した畦のコンクリートを引きはがし、もう一度彼岸花を植えようとしている棚田があることを知っておいたほうがいい。

多面的機能が重視されながら、中山間地の直接支払いが実施されながら、それだけでは畦のコンクリート化に歯止めをかけられないのは、多面的機能を百姓仕事の結果として評価する思想が育っていないからである。「コンクリート化はやむを得ない」と言われるとつい頷きたくなるが、そこで頷いてしまうと、思想的に敗北したことになる。そんなときは、顔を上げてみるといい。まだまだ、多くの百姓が、コンクリート化を願わずに、畦草刈りを続けているではないか。頷かずに、この矛盾(多面的機能を言いつつ、それを守る政策はないという矛盾)をひきうけて、悩みつづけなければ、新しい技術は生まれない。

都会からやって来て、はじめて棚田を見た人でも、棚田を美しいと思うのはなぜだろうか。それは、人間の原初の仕事が見えるからである。自然に働きかけ、自然と折り合う知恵が見えるからである。それは畦の手入れという技術から生まれ、人間にやすらぎをもたらし、美意識を形成した。もし棚田の畦が草に埋もれていたら、崩れていたら、美しいと感じるだろうか。草が伸び放題の減反田の畦に咲いた彼岸花が哀れに見えるのは、彼岸花を慈しむ人の手入れが滅びているからである。

こう考えてみるといい。手入れしていない自然が見苦しいのはどうしてだろうか、と。自然の脅威が押し寄せて、不安になるからではないだろうか(生態学的には、遷移が進んでいく。安定せず、変化が続く)。棚田の畦の手入れという仕事が不断に継続されるから、風景が安定する。毎年くり返す安定した自然を美しいと感じる感性を育てているのは自然への人為的な働きかけであることを、都会人も文化として身につけている。自然に働きかける仕事が、人間労働の原型だと言われるのも納得できる。ところが、いわゆる多面的機能は、「水田の風景を形成する機能」というように表現してしまうから、まなざしが仕事に届かない。

では、コンクリートの畦はなぜ美意識を形成できないのだろうか。そこでは、自然との関係が死に絶えているからである。仕事によって、自然の〝めぐみ〟を引き出そうという姿勢が消滅しているからである。

百姓は、そうした自然との関係によって自分を支えてきた。仕事を終えて、畦に腰をおろし、周囲の風景を眺めるときに押し寄せてくるやすらぎは、もちろんカネにはならないが、とても大切なものである。その風景は身近な生きもの（動植物）で満たされている。そして、風や水の流れのような無機質までも「生きている」と感じてきた。こうした精神世界も多面的機能として評価する哲学を、新しい農学はうち立てたい。そうしなければ、子どもたちに美を教えられなくなる。身近な自然は人間が手入れしなければ荒れていくことを伝えられなくなる。

畦の手入れに値する評価や代償が得られないから、コンクリートにするのである。あるいは、除草剤を畦にかけるのである。それは、もちろん政治の貧困でもあるが、そういう美しさを百姓仕事の成果として認めてこなかったツケでもある。このツケを解消する入り口は、風景を支えているすべての百姓仕事と自然の関係を明らかにすることだ。つまり、それを技術として認知することである。

ここでは棚田の畦の手入れを取り上げたが、それは見えやすいからにすぎない。棚田を守るとは、単に条件不利地の稲作の保護などではなく、百姓仕事の評価を広げることである。百姓仕事のなかに眠っている環境技術に光を当て、新しい技術として登場させることである。だからこそ、棚田の次は平坦地の田んぼが対象になる。

環境の技術化と社会化

多面的機能を支える環境技術はすでに誕生している。なぜなら、それを意識する百姓が登場したからである。生きもの調査に取り組む百姓のグループは各地に誕生している。[23] それほど、多面的機能(とくに生物多様性維持機能)は危機に瀕しており、それを支える仕事はさらに危機に陥っているからである。こうした危機感をバネにして、仕事のなかから新しい技術を汲み上げる思想が誕生した。これは単に「環境の時代だ」とか「環境もカネになる」という発想とは、似て非なるものだ。この自然環境と人間の関係をどう技術化するかが、私たちの課題である。

環境技術の形成を目的にした試みが、百姓や研究者によって本格的に始められなければならない。そうした技術が見えてこないと、これからの一〇〇年を担う農政になるであろう環境デ・カップリングは展開できない。多面的機能の技術化と政策化が農業を救うシステムが育たない。「機能」とは、百姓仕事と切り離しても成り立つ程度の概念である。環境を「機能」ではなく、百姓仕事と密接にかかわり合うものとして認識しないかぎり、多面的機能を評価し、維持する技術は育たない。どうしたら、私たちは農業の「多面的機能=公益的機能=自然環境」を掌中にできるだろうか。それをまとめておこう。

①環境の技術化を追究する

当面は、百姓や地域の負担で取り組むしかないだろう。単に「環境に負荷の少ない資材」に切り替えること、減農薬・無農薬栽培、減化学肥料・無化学肥料栽培から、自然環境を射程におさめた技術の形成を追究したい。田植え後三五日間の田んぼは、ミジンコをはじめとする生きものの揺籃期である。だから、意識的に湛水しつづける技術は環境の技術と言っていい。

②環境の社会化をもたらす

群れ飛ぶ赤トンボは古来、歌に詠まれ、文学に登場してきたにもかかわらず、「田んぼで生まれている」こと、百姓仕事の結果として生まれていることは、まったく表現されてこなかった。しかも、少なくとも農薬によって赤トンボを殺してきたこの五〇年間は、農業技術者や農学の怠慢さを責められてもしかたがないだろう。その怠慢は、殺してきたことではなく、殺してきたことの文化的な影響にまったく関心を向けなかったことである。

赤トンボは稲作開始から二四〇〇年目にしてはじめて、百姓仕事によって生まれていることが表現された。住民が自分たちのタカラモノとして自覚することが社会化なのである。圃場整備によって殺されたメダカやナマズを社会化していくためには、圃場整備のあり方が再検討されねばならない。

③環境デ・カップリングの可能性を追究する

二〇〇〇年四月から、日本でも中山間地域の一定条件の地区で、デ・カップリングとしての「条件不利地域対策」が始まった。たしかに、百姓仕事が生み出す自然環境を真正面から評価していこうというものではない。しかし、集落協定をとおして、百姓仕事と環境の関係が意識される契機になったところも少なくない。

「環境の維持とか、耕作放棄地の解消とか、行政はいらぬお節介はやめてくれ」と言う声を聞く。「大きな声では言いにくいが、減反をきっかけに条件の悪い山田を放棄してどんなに楽になったことか」と。ほとんど「経営」的には成り立たない水田を耕作しつづけてきた百姓の労に報いることなく、「環境」の重要性だけを強調する他者への嫌悪感には同感する。しかし、その程度の論理では、いまだに割にあわない棚田を耕しつづけている百姓のくらしを評価することはできない。自然環境の評価とは、その人がどう生き、どう働き、どうくらしているかを大切にすることである。「機能」ではなく住民の〝めぐみ〟としてうけとり、百姓仕事の成果として実感し、人間のくらしの土台としてうけとめるとき、どこに公的なカネをつぎ込むべきかも見えてくる。そのとき、村の自然環境は新しい思想のむしろの上で寝そべって、私たちを迎えてくれるのである。

(1) 宮田秀明『ダイオキシン』岩波新書、一九九九年。
(2) 二〇〇二年年八月の新潟平野の視察では、地元の農業改良普及センターから、畦への除草剤散布は七〇%を越えているという説明を受けた。立ち枯れの畦がパッチワーク状に広がり、じつに見苦しい田園風景であった。
(3) 星野芳郎『日本の技術革新』勁草書房、一九六六年。
(4) 井筒俊彦『意識と本質』岩波書店、一九八三年。
(5) 一九六〇年代の技術論論争が少なくとも農業分野においては何の遺産も残していないのは、生産に直結する上部技術しか論じていなかったからである。あるいは、内部経済の世界だけで論じていて、外部経済をとりあつかうまなざしがなかったからである。それは当時としてはやむをえなかったのかもしれないが、農学までもそこから抜け出せなかったのは情けない。

（6）この基準の策定には大いに刺激を受けた。基準策定のための調査も、農業技術として見なければならないと気づいたのである。
（7）横川洋・佐藤剛史・宇根豊『自然環境を支える百姓仕事を支える政策――ドイツの環境農業政策ＭＥＫＡⅡ』農と自然の研究所、二〇〇二年。
（8）刈り取り回数を減らす技術だけで野の花が復活したわけではない。長年の土づくりや、風土、播種時期、輪作体系などさまざまな技術の総和として、それは出現しているのであろう。この関係はあまりにも世界が広く、複雑すぎて、それを「法則性」の適応と呼ぶことはできないが、確実に土台技術の存在が確認できる。
（9）宇根豊『生きものは待っているあなたのまなざしを』農と自然の研究所、二〇〇二年。
（10）ウンカは中国大陸から六月下旬〜七月上旬にかけて飛来し、早く田植えして盛んに分けつしている稲に集まる性質がある。もっとも、二〇〇三年は飛来が半月以上も遅れたために遅植えの私の田んぼが分けつ最盛期で、ウンカが集まって来て逆効果だった。
（11）農と自然の研究所編『百姓仕事と生きもののにぎわい（田んぼのめぐみシンポジウム資料集）』農と自然の研究所、二〇〇二年。
（12）ところが、蛙の鳴き声を「騒音」だと感じる人間が田舎でも増えてきている。これは技術の本当の危機だろう。こういう人間の感性が満ちる世では、蛙を育てる土台技術は復活する可能性の芽を摘まれてしまう。
（13）前掲（11）。
（14）矢野宏二『水田の昆虫誌』東海大学出版会、二〇〇二年。

(15) 近藤繁生ほか共編『ユスリカの世界』培風館、二〇〇一年。
(16) 桐谷圭治『「ただの虫」を無視しない農業』築地書館、二〇〇四年。
(17) 前掲(9)。
(18) この試みが、福岡県の環境農業政策として採用され、生きものへの日本で最初の環境デ・カップリングになったことは、後述する。
(19) 福岡県の環境デ・カップリングをとおして、県内の生きものの実態が百姓によって明らかになってきた。その成果は「生きもの指標案」として提案された。日本ではじめて、生きものが多いか少ないかの目安が作成されたことも後述する。
(20) 農と自然の研究所では、これらの生きものとご飯の関係をイラストにして配布している。図3―1はその一部である。
(21) 農林水産省大臣官房企画評価課編『我が国の食料・農業・農村をめぐる情勢と課題』二〇〇三年。
(22) 鷲谷いづみ・草刈秀紀編『自然再生事業』築地書館、二〇〇三年。
(23) いくつか紹介しておこう。「大潟村環境創造21」(秋田県大潟村)、「ファーマーズクラブ赤トンボ」(山形県高畠町など)、「むさしの里山研究会」(埼玉県寄居町)、「ひと・むし・田んぼの会」(長野県伊那市など)、「環境稲作研究会」(福岡県前原市)などである。さらに、二〇〇六年には生きもの調査のナショナルセンターをめざして、全農に事務局を置く「田んぼの生きもの調査プロジェクト」が発足した。この組織に参加している実践グループは三六団体に及ぶ。

第4章

生物技術という発想

1 生きもののとらえ方

手段を変えただけでは解決できない問題

つい思考停止に陥ることがある。技術のほめ方のパターンである。

「無農薬・無化学肥料で、収量もコストも慣行農業に劣らないのがすごいですね。しかも、環境にやさしい技術ですから」

その百姓の努力に敬服しながらも、無農薬・無化学肥料の技術にしても収量や生産性が劣っているときは見向きもしない人が、「慣行農業並み」になれば、着目する。さらに、無農薬・無化学肥料であれば、それだけで「自然にやさしい」と判断してしまう安易さが社会に蔓延している。

つまり、近代化技術の欠陥を単なる資材の選択の問題だとすると、無農薬・無化学肥料で、ほとんどの課題が解決するように見えてしまうのである。近代化精神の最大の力業は、「効率性の追求」にある。その結果、多くの世界が見えなくなった。実例をあげて語ろう。たとえば、「米ぬか散布による除草で、ミジンコが増えました」と言う。

たしかに、①除草剤に代わる手段が技術化された。②ミジンコまで気にするまなざしが回復できた。しかし、③ミジンコが増えることがどういう影響を田んぼ全体に及ぼしているか、を考えるまなざしは形成されていない。しかも、④そのミジンコの種類や量を計測し、環境の質を測る手法は、形成しようとすらされていない。⑤それが地域全体の自然環境のなかでどういう位置を占めるのかも、わからない。⑥それをどう国民に表現し、どう政策化していくかの視点もない。⑦ミジンコの新しい文化形成に向かうまなざしも不十分である。他にもまだまだ課題はある。

昭和の初期に、水田の手取り除草（除草機も含めて）の技術は確立していた。だが、その体系でも、前述の③〜⑦の課題は意識されていなかったのである。それはなぜか。まず、安定して循環・持続している自然環境は、意識しなくても、あたりまえにそこに存在しつづけるからである。そして、科学的な手法がそこまで及んでいなかったからである。当時の水田の動物相や植物相がどうなっていたか問われても、データはない。思い出のなかの片隅にあるだけだ。それは責められることではない。もし、近代化が村に及ばなかったら、いまでも当時のままの自然環境で、いま調査しても当時と同じデータがとれるのだから。

つまり、いったん近代化を経ると、無農薬・無化学肥料にしても昔には戻れないのである（なぜそうなるかは重要だが、これも近代化論の範疇だから、別の場で論じる。ただし、自然にやさしい近代化は論理矛盾であることは指摘しておこう）。失われた自然環境は一部しか戻ってこない。この「悲しみ」を母胎にして、近年の「新しい学」は誕生してきたのである。生物多様性という思想もまた、この「悲しみ」を母胎にして生まれた。この概念がこれほど有効性を獲得できたのは、日本でも、この悲しみが国土を覆っているからである。

百姓仕事の成果としての生物多様性

私たちは「害虫だっていなくては困る」「ただの虫もいなくては困る」という認識まで至りながら、とうとう生物多様性という概念を提出するところまでいかなかった。それは悔やむことかもしれないが、新しい視座を獲得する回り道であったかもしれない。

一九八八年に生態学者が生物多様性という概念を提出したが[1]、百姓には共感と反発が入り乱れている。なぜなら、近代化技術は生物多様性なんて邪魔だと教えてきたからである。排除と防除の気分で近代化技術は満たされてきたからである。ただし、それだけではないのではなかろうか。

私たちが「生物多様性に似た思想」に近づきながら、新しい言葉を獲得できなかったのは、それを「技術」にすることにこだわったからである。「狭い生産に足を引っ張られた」とも言えようが、技術にしなければ(仕事のなかで意識しなければ)守れないという直感が働いたからでもあった、といまにしてみれば思う。

農業における生物多様性は、百姓仕事の成果である。たとえば、開田前の湿地にいた生物群集に安定した生息場所を提供することになったし、乾いた土地を夏だけ湿地に改変して、湿地の生きものも生きられるようにしたのである。そして、農業生産もその生物多様性に支えられて、持続するようになったのかもしれない。だが、その構造を明らかにできないうちは、簡単に生物多様性という概念を提出できなかった。もっとも、「ただの虫」という概念が農業技術から生まれ出て、生物多様性をより実感に即したものにしたことは評価されていいだろう[2]。

害虫もほどほどにいたほうがいいという発想

ここでは、論点をはっきりさせるために、「生きものは、一種たりとも絶滅させてはならないのか」という設問をする。話に具体性をもたせるために、二つの問題をたてよう。①害虫もいないといけないのか、②有用性がない生きものもいなければならないのか。私は、これらの難問を田畑と百姓仕事は解決できるのではないかと考えている。

環境省や都道府県の絶滅危惧種・希少種に害虫が入っていないではないか、という指摘は重要である。三化螟虫《サンカメイチュウ》や二化螟虫《ニカメイチュウ》は絶滅しそうな気配だが、それを惜しみ、保護活動に励んでいる人間を知らない。これらの害虫が絶滅すると、これらだけに依存して生きてきた蕊虫宿蜂《ズイムシヤドリバチ》などの天敵も絶滅する。生態系への影響も少なくないかもしれない。しかし、「害虫なんて、発生しないほうがいいに決まっている。害虫がいなければ、天敵も必要ない」という考え方の農法がほとんどの日本では、そうした視点の農学は発展しようがなかった。

では、「害虫だって、ほどほどに発生したほうがいい」という農法は生まれてきているのだろうか。生まれてきているのである。その農法が何と呼ばれるかはわからない。最初にそれをひきうける勢力が、それを名乗るのである。

有機農業がそれを抱きかかえようと思うなら、「それは有機農業のめざすものだ」と宣言すればいい。あるいは、有機農業学が「それは、有機農業から必然的に生まれ出るものである」と位置づければいいのである。もちろん「自然農法」がそう宣言してもいい。保全生態学は農学に先駆けて、それを宣言したということではないだろうか(糸島地区の環境稲作研究会はそれを「環境稲作」と名乗っているが、まだ稲作に限定されている)。

じつは、害虫もいないといけないというテーゼは、ＩＰＭ理論でとっくに提出されている。ところが、Management する技術が未確立なのである。それは、いまだに天敵の調査法が百姓のものになっていないという事実ひとつとってもわかるだろう(虫見板と田の虫図鑑は、この課題へのもっとも先鋭的な挑戦だった)。

さらに遡れば、伝統農法には害虫(害獣・病気・雑草など)の発生を見こして対応する農法(技術)が溢れている。そうした技術を生物多様性保全の視点からあらためて分析し、評価し直す学がなくてはならないだろう。それは、百姓が担ってもいい。「マツバイが生えている田は、刈った稲が汚れなくていい」という話を思い出す。あるいは「ジャンボタニシに少しは稲が食われるぐらいでないと、オタマジャクシが死んでしまう」という判断は、新しいまなざしではないか。

有用性を超える道

次に「有用性がない生きものもいなければならないのか」という課題に対しては「害になる生きものまで存在根拠が明らかに証明されているのなら、役には立たないが、害にもならない生きものの存在証明は簡単だろう」と思われるかもしれない。だが、こちらのほうがよほどむずかしい。むしろ、これらの「ただの虫」の存在証明こそが本題・本命なのである。

ただの虫の発見は、農業技術に特筆される転換をもたらそうとしている。害虫でもない、益虫でもない、農業生産とは「無縁」のように思われた生きものに、百姓のまなざしが届いたとき、それは決して新しいまなざしではなく、伝統的なまなざしが眠っていただけであった、という発見をもたらした。それを眠らせたもの、それを凍りつかせたものの正体こそ、戦後の農業をリードしてきたものである。それを私は「近代化精神」と呼んでいる。

さて、「ただの虫の生存をどうしたら認知できるか」という設問にどう答えたらいいのだろうか。答えは簡単ではないが、全体の構造がわかるように説明してみよう。

①生産への直接貢献

ただの虫も生産に寄与していることを、「科学的」に証明する。

ユスリ蚊、糸ミミズ、トビ虫などは、有機物を食べて土つくりに貢献していることが明らかになってきた。こういう論理は成功しそうである。[3]しかし、それは、ただの虫のなかでもごくわずかな種にとどまるだろう。また、多くの田んぼのクモは、害虫だけではなく、ただの虫も食べなければ生きていけないから、天敵の餌としての役割も決して少なくはない。だが、天敵などいなくても成り立つと主張してきた近代化農業技術の悪影響は、簡単には払拭できない。

②生産への寄与の経験的な確信

ただの虫も生産に寄与していることを経験や感性で確信し、表現する。

たまに田んぼのミジンコに注目している百姓に会うこともあるが、ほとんどの百姓はミジンコを無視して、何の呵責も感じない。しかし、ミジンコが大発生するから、それを餌として生きものは生きられる。それを定量化しようとすると科学の領域になる。科学に持ち込むと厳密さを要求され、途方に暮れがちである。クモの巣にかかったユスリ蚊の成虫を見て、ただの虫もクモの餌になっていると実感しても、それを科学的に証明しようという必要性が百姓には湧かない。

つまり、有用性で意義づける発想が偏っているのではないだろうか。そういう発想ではとらえられない世界が広がっていて、そちらの世界では別の意味づけが成功しているのかもしれない。前者が近代化精神、つまり科学的で合理的な精神の世界だとすると、後者は前近代的な伝統的な精神世界になろうか。

しかし、私はこの両者をもうひとつの視点から眺めおろそうと考える。そこで有用性の世界からいったん身を退いて、別の世界に足を踏み入れてみよう。

③文化(象徴)現象としての生きもの

平家ボタルは農業生産に直接寄与しているわけではないが、ホタルを愛でる文化は村の生活を彩り、百姓の精神を力づけてきた。だから、わざわざホタル狩りに出かけてきたのである。メダカ獲りは、容易で楽しい子どものころの遊びだったし、タガメやタイコウチやゲンゴロウも遊び相手だった。そうした生きものが失われることは文化の消失でもある、と本気で説得すればいい。ただし、この文化もしょせん有用性の一部だと考えられ、「メダカも絶滅危惧種になり、採取が禁止されましたから、文化ではなくなりました」などと言われるようになるかもしれない。

④仲間としての生きもの

ただの虫はずーっと百姓といっしょに生きてきた友だち・随伴者じゃないかと、情に訴えたらどうだろうか。人間が意識しようとしまいと、田畑が開かれたあと、常に田畑で同行してきた仲間ではないか。人間も生きものも自然の一員であるという精神世界の復権をめざすのである。ただの虫に限らず生きものがいなかったら、メダカやゲンゴロウやユスリ蚊や赤トンボや亀やサギがいなかったら、私たちの住む世界はさびしいものになっているにちがいない。風景は植物も含めて生きもので満たされているから、人間を包み込み、安心させ、癒すことができる。

しかし、ここにも難題は潜んでいる。風景は生きもので満たされているから、人間を癒すといったところで、百姓自身がその眺めた風景のなかにユスリ蚊や赤トンボを意識していない。たしかに見てはいるが、ありふれた自然現象であり、記憶にとどまらないのである。

⑤カミ(神)を動員する

ただの虫にも命があり、タマシイがあり、カミが宿ることを証明すればいいだろう。「それは宗教的な問題ではないか。万人に当てはまらない」と言われそうだし、神は学の領域外だとあしらわれるかもしれない。しかし、自然に働きかける百姓仕事には、人智ではとらえきれない世界が充満している。それをカミやタマシイとして表現してきた知恵はたいしたものだと思う(4)。多くの人が正月や盆の行事を準備し、お守りや占いを頼み、楽しんでいるのだから、本気で生きものを価値づけるシステム(カミもその装置のひとつだ)を再興するか、そういう世界を切り開く学もあっていいだろう。

もっとも、宗教界が健在で、生物多様性を掌中にして現代社会に切り込んでいく新しいカミが生まれていれば、そもそもこんな悩みは生まれなかっただろうとは思う。宗教家は新しいカミを呼び出してほしいものだ。

⑥百姓仕事の成果だと自慢する

私の結論である。ただの虫は百姓仕事によって生きられることを証明し、なおかつそれが自然そのものであることを明確にすればいいのではないだろうか。ただの虫に限らず、田畑のすべての生きものが対象になる。さらに、この認識が農業技術に含まれるようになれば、農学は大転換をとげる。ユスリ蚊は、田んぼに有機物を入れる百姓仕事があるから増えてきた。田植え後に湛水する仕事があるから、生息できる。これが田んぼの多くの生きものの食べものになって、田んぼの生物多様性を支えている。その関係性を仕事のなかで見つけ、意識すればいいのである。もちろん、これをすべての生きものに適用しなければならない。

2　環境への影響を把握する技術の必要性

こんな感性鋭い意見に出会ったことがある。

「田植えは残酷ですね。それまで田んぼにいた虫たちは溺れ死ぬんじゃないですか」

たしかに、代かきで田んぼの環境は激変する。それだけではない、中干しや落水もある。収穫は突然に作物を消滅させる。百姓仕事は、まさに自然破壊の最たるもののような印象である。その程度の百姓仕事で滅びるような生きものは、田んぼを住処にするはずがない。でも、この人のまなざしは新しい。新しい農学を導くきっかけになるかもしれない。

農業技術は自然環境への影響をほとんど配慮してこなかった。近代化される前は、その必要もなかった。しかし近代化以降は、「自然環境への影響を把握する技術を内部にかかえなければならないのだろうか」という課題が生まれたのである。

たとえば、稲の直播栽培が行政によって推進されてきた。すると百姓は、収量はどうか、コストはどうか、経営に取り入れられるか、と考える。だが、自然環境へどういう変化をもたらすかは考えない。そういうまなざしは、百姓にも、研究者にも、指導員にもなかった。それは「近代化される前の技術の体質」を引き継いでいるからである。技術の骨格が循環的であった時代の遺産にしがみついているからである。これは、有機農業技術であっても、例外ではない。近代化に対抗する技術としての有機農業技術であるなら、近代化を超える思想がないと単なるテクニックにすぎなくなる。

技術を狭い人間の功利主義で分析・評価するのではなく、広く深い人間の功利主義でとらえなければならないだろう。そのためには、身近な自然環境がどういう百姓仕事(人間のくらし)によって支えられ、あるいは破壊されているかを明らかにする学が生まれなければならない。そして、その学によって（それは逆かもしれないが、つまり分析・評価によって学が生まれるかもしれないが）、農業技術と自然環境の関係をつかむ方法論が提示されなければならない。その方法論によって、百姓や研究者、指導員は、すべての技術に新しい「自然環境への影響」という属性を付け加えることになるだろう。

いままで要請もされず、必要もなかった「環境への影響の把握」（「環境への配慮」とは微妙にずれる）が、なぜいまになって避けて通れなくなったのか、という意見を聞く。工業の世界では、公害問題に直面することによって、環境への影響は各種の排出基準として議論され、曲がりなりにも実施されてきた。そのための方法論も確立されようとしている。ところが、農業界では一九七〇年以前の農薬公害は特定の農薬（ＤＤＴ・ＢＨＣ・ドリン剤・水銀剤など）の追放で幕を降ろしてしまい、技術そのものを問う方向には進まなかった。だから、有機農業運動そして減農薬運動が技術を問う運動としても登場せざるをえなかったという経緯がある。

さて、「新しい技術が行使されたとして（ほんとうは行使される前に明らかにされなければならないのだが）、その田畑の周囲の自然環境はどう変化するのだろうか」という課題に移りたい。

①自然環境にどういう変化が現れるだろうか。その変化をモニタリングする技術が同時に形成されなければならない。ここでもうつまずいてしまう。「なぜ、購入した堆肥を使うだけなのに、ユスリ蚊や糸ミミズの調査までしなければならないのだ」というところから説得しなけ

ればならないからである。さらに、調査と簡単に言っても、その手法の確立は困難を極めている（農と自然の研究所のめぐみ台帳づくりも、いくつかの壁にぶつかっている）。

②その変化を評価し、判断を下さなくてはならない。これはさらにむずかしい。なぜなら、手法があるものしか調査できないからである。田畑の一切の生きものを調査するなど、至難の業である。さらに、それをどう評価したらいいのか途方に暮れる。

③その技術を推し進めるか修正するか、判定しなければならない。遺伝子組み換え技術では、その結論をもう出そうとしているのだから、相当乱暴な進め方である。しかし、他の技術について、「環境への影響把握」がいまだに問われないから、問おうとしないから、遺伝子組み換え技術だけが突出しているように見えるのである。

④そうした実践や研究を支援する政策が必要である。その政策には、少なくない国民の賛意が必要である。これは、すぐにでもやれる。現にやり始められている。環境デ・カップリングの議論はこの範疇に入る。たぶんこの先行を待たないと、おおかたの百姓も学者も役人も腰を上げないのではないだろうか。

硝酸態窒素による地下水の汚染は各地で（水面下で）問題になり、減肥料の取り組みが始まっている。だが、この手法を見ていると、かつての農薬公害への対応の体質そのものである。「肥料さえ減らせばいい」という対処では、技術全般に対する先導にはならない。「生物多様性？そんなもの、肥料とは関係ない」と真顔で言う百姓も多いのである。

3　田畑の生物多様性の意味と価値

防除・排除からの脱却

この日本で、「田畑の生物多様性は高いほうがいい」という仮説を認めるには、四つの条件があるだろう。

①カネになる生産が特段に価値をもつ経済システムのなかでは、カネにならない生物多様性を評価する別のシステムの必要性を、国民が少しは感じるようになっていなくてはならない。

②生物多様性を測る尺度が必要である。つまり、どういう多様性が望ましいかという仮説が必要になる。それは、学者や百姓だけが理解可能なものではなく、関心のある国民が納得できるものでなくてはならない。

③生物多様性を支える技術を形成しようとする百姓が現れなくてはならない。

④これらの全体を推し進める政策と、それを裏付け、励ます学がなければならない。

ただし、それ以前に現行技術に転換の可能性があるかどうかを論じておかなければならない。

結論から言えば、可能性はあるどころか、転換せざるをえない必然性がある。

たとえば、キャベツの苗に見知らぬ虫が一匹いるとする。百姓なら、どうするだろうか。①もし害虫だったらいけないので、手で潰す。②害虫であっても、たいした被害がないかもしれないので、様子を見る。③害虫でないかもしれないので、素性がわかるまで放っておく。

近代化技術の発達（農薬散布など）は、②や③の延長上にはない。その証拠に、ほとんどの病害虫について「要防除密度」の設定は困難を極めている。仮に要防除密度が提案されたとしても、それを調査・把握する技術が百姓の手元にない（虫見板の販売数は一六万枚だが、全国の稲作農家の一〇％にも普及していない）。つまり、「様子を見る」姿勢よりも、防除するという「排除」の気持ちを育て、強化してしまったのが、防除技術であった。

この防除・排除の技術（それは指導される技術であった）に異議を申し立て、百姓の主体を振りかざした減農薬運動は、虫見板という農具を百姓のものにしたとき、近代化を超えようとする視座を獲得したのであった。虫見板で「ただの虫」が発見され、日本版生物多様性への道を独自に開いていった意味を振り返ると、次のような展開・深化を遂げたのである。

①害虫はいないほうがいいに決まっている。
②大発生しないなら、害虫がいてもいい。
③大発生しない程度には、害虫がいたほうがいい。
④大発生しない場合には、害虫という分類もおかしい。

そこで、害虫とただの虫の関係を整理しておこう。ただの虫は当初、害虫ではないという識別によって百姓に大いに安心をもたらし、天敵ではないという識別で少しの失望をもたらした。そのままであれば、広く市民権を得ることもなかっただろう。ただの虫という概念が徐々に力をつけていったのは、自然を代表する生きものであることが気づかれ、じつは農業生産を土台で支えているかもしれない、というまなざしの深化がはかられたからである。ここから、「ただの虫まで防除していた技術」への反省が本気で行われるかどうかが分岐点となる。

減農薬稲作によって赤トンボが田んぼで生まれている意味と価値は、はじめて農業のなかに位置づけられた。赤トンボやメダカやホタルやゲンゴロウに一顧だにしない農業技術に引導を渡す百姓が、やっと現れたのだ。メダカやホタルがいない川よりいる川のほうが、蛙やトンボがいない野辺よりいっぱいいる野辺のほうが、自然に恵まれている、自然が豊かだと感じる感性がよみがえってきたのである。

ここにきて、生きものの多様性ははじめて、人間が生きていく環境の価値としてとらえられた。百姓の心情として、はじめて生きもののにぎやかさは理論化されたのだ。虫見板の使用がなければ、いまだに田んぼの中の生きものの多様性は発見されることなく、眠りつづけていたかもしれない。私たちはこうした生きものに「農業生物」という名前をつけて、この発見を広げていこうとしている。

IBMを発展させる

しかし、「無農薬の技術にすれば、生きものは豊かになる。生物多様性は取り戻せる」という素朴な思い込みが、大きな停滞を生んでいる。そこから一歩も踏み込まない百姓が少なくない。そこで安住して、自己満足に陥る。それは、近代化農法の田畑には生きものはいない、という誤解もまた生んでしまう。どうしてこういうことになったのか、分析してみよう。

原因は農薬にある。現在でも、農薬散布された田んぼの水尻に流れ集まってくるおびただしい虫たちを眺めていると、田んぼの虫たちは皆殺しになったのではないかと思えてくる。しかし、虫見板で見てみると、完全に死の世界になってしまったのではない。もちろん、相当に生きものは貧困になっている。それに比べれば、無農薬の田んぼはずっと生きものは多いが、それよりも田んぼごとに生きものの種類も数も大いに異なることにいつも驚く。

「無農薬」とひとくくりにする、あるいは「近代化農法」とひとくくりにするのは、有効な場面もあるが、そのなかの個性を捨象しているか、その個性をとらえるまなざしと技術がない。それが生きものに着目するときに自覚できる。農薬を肯定するにしても、批判するにしても、不毛な議論にとどまっている現状をここから超えていくことができるだろう（それにしても農薬推進側の怠慢は目に余る。この農薬はこういう生きものたちには影響がない、というような情報ぐらいは出したらどうかと思う）。

そこで、桐谷圭治が最近提案している「ＩＢＭ」（Integrated Biodiversity Management）思想を検討しておこう。日本のＩＰＭを思想的にリードしてきた桐谷が「ＩＰＭからＩＢＭへ」というスローガンを掲げてから五年以上が経つが、学会ではどういう反応があるのだろうか[5]。

ＩＢＭは、「防除」と「保護・保全」を、対立ではなく両立させるために提案された。つまり、害虫をただの虫にして害虫化させないようにする「総合防除」と、害虫も含めてすべての生きものを絶滅に追い込まないように守っていく「手入れ」(百姓仕事・農業技術・人間のくらし)を指す。これが提案されなければならないぐらいに、農業の近代化は人間と自然の関係を分断してしまったのである(近代化される前の農業では、こうした理論は無用だったろう)。

さてＩＢＭの難問は二つある。桐谷はＩＰＭが害虫だけを対象としてきたことの欠陥を超えようとして、すべての生きものを安定させようとする壮大な技術を構想している。まず、こういう発想が農学者から生まれてきたことを大いに歓迎したい。そのうえで、Pest から Biodiversity への深化(桐谷はこれを「害虫からただの虫へ」と表現している)はみごとだが、Management の主体に誰がなるのかが、ＩＰＭと同じように明確にされていない。もちろん、百姓に頼るほかないのだが、百姓が主体として登場するためには技術化しなければならない[6]。

農と自然の研究所の生きもの調査は、「めぐみ台帳」づくりの一環として取り組まれている。まさしくＩＢＭの実践のように思われるだろうが、百姓は自分のなかの従来の「生産の概念」との葛藤を強めるばかりである。「こんなことまで、ほんとうに百姓仕事として認知されるようになるのだろうか」という不安に、百姓は孤軍奮闘で答えを出そうとしている。「生きものを見つめるまなざしはたしかに深まってきた。これはきっと自分のなかで将来花開くにちがいない」と言い聞かせながら、労働時間の増大をひきうけようとしている。それに対して、学の側はどう応えようとしているかが明確ではない。それを私たちの新しい農学は提示しなくてはならない。

資本主義の国では、農薬の規制はまず罰則が考えられるが、全廃は不可能である。近代化技術は一定の条件さえつければ有効だというドグマは、崩せるものではない。そこで残された有効な手段は、農薬を使用しない技術や田畑への公的な支援である（私的な支援でもよく、それはすでに提携などで実施されているが、きわめて不十分だ。なぜなら、食べものの安全性に収斂しすぎているからである）。

たとえば、畦への除草剤散布を規制するよりも、畦草刈りへの支援をするほうが現実的だろう。問題はその価値を国民に教えなければならないということである。では、誰が教えるか。まず百姓が教えるしかない。その場合、どれほど田畑の生物多様性を豊かに自分の言葉で語れるかが、成否の分かれ道だろう。

近代化できない時間と世界

生物多様性の概念がどうして生まれ、どのようにふくらみ、どのように市民権を得てきたかをくわしくは述べないが、驚くべきスピードであった。私は、百姓にとって、この概念に似た思いがずっとあったことの意味を考えたい。逆説めくが、すべての身近な生きものとのつきあいが濃密にありつづけたなら、生物多様性という概念は無用だったかもしれない。ところが、百姓はそれを大切に抱きかかえ、近代化に立ち向かう武器にしようとしなかった。

百姓は仕事の合間に畦に腰掛ける。そして、あたりの風景を眺める。風景は風景のほうから百姓に押し寄せ、百姓は風景に包まれる（西田幾多郎的に言えばこうなる）[7]。その風景は無生物ではなく、生きもので満たされている。それはとても心地よい時間であり、生きものとともにある世界だ。この時間と世界の、この感覚に支えられて、百姓は人生を生きる。何を大げさな、と思われるだろう。しかし、これを文字で表現すれば、文学となる。

人生を支えてくれるものは、家族の絆やカネもあるだろうが、こんなにカネが大手を振って歩く時代になる前は、時間がゆっくり過ぎた時代には、包まれる自然・風景の価値ははるかに大きかった。その遺産は至るところに残っている。日本人がホタル好きなのは、水辺が好きなのは、赤トンボが好きなのは、泳ぐ魚を飽かず見つめるのは、涼しい風に身を浸すのは、彼岸花を見て亡き人を思い出すのは、自然の生きものと人間が同じ世界に生きていた習慣の名残である。

近代的な経営感覚は、畦に腰掛け、自然に包まれる時間を、単なる休憩時間としか見ない。まして、農の生産物と見るはずもない。だから、近代化農業は自然を手放し、遠ざけただけでなく、自然の意味を考える方法論を形成できなかった。

百姓が風景に包まれたくなるのは、それが毎年変わらずにくり返すからである。そのくり返しは、百姓仕事のくり返しと対応している。この構造を明らかにしたい。この構造を学の体系としてうち立てたい。ところが、その肝心の百姓仕事がくり返すことを恥とし、「進歩」をうながすことに異常に力を注ぐようになったのである。同じ収量なら、労働時間は短いほうがいいという考えが強まり、同じ収益を得るのには、楽で経営費は少ないほうがいい、と信じ込むようになった。その短くなった時間で、何が得られ、何が失われたのか、はっきりさせようではないか。楽になったことによって、何が失われたかを意識して見つめることがあってもいいではないか。

労働時間の短縮によって得られた時間は、どこに消費されているのだろうか。百姓の場合は、「規模拡大」や「兼業」に振り向けられてきた。不足する所得を補うために使用されたのである。これが近代化の本質である。つまり、効率追求はそれ自体が目的ではなく、動機は他のところにあるのだ。日本の百姓の場合、その多くは所得の向上にあった。「多収は人間の本能である」という言い方は、少なくとも近代化社会では通用しない。

アフリカのある部族に鉄の鍬先が普及し、耕す時間が半減したそうである。すると彼らは、その余裕が生じた時間を、生産労働に使うのではなく、祭りの準備や旅行に使用したという事例を山内昶の報告で知ったとき、私は目が覚める思いがした[8]。近代化される前の社会ではこうなっていたのである。

農業労働は近代化・効率化できるが、生きものの生は、命は、一生は、近代化できないのではないか。人間も生きものの一員であれば、人間にも近代化できない時間と世界があるのではないだろうか。かつての百姓は、それをけっこう自覚していた。牛馬の時間、虫の時間、鳥の時間、草の時間、魚の時間…を感じていたのだ。だから、季節(の文化)が生まれた。生きものの物語を語る生活ができた。しかも、生きものは人間と現世だけでなく、あの世でも交流できた。

そこで、私は提案したい。近代化で短縮できた労働時間を、生きものの調査や環境技術の形成のために使う道もある、と。もちろん、政策的な支援のシステムづくりを伴っての話である。

4　生きものの語り方

近代化された技術の語り方と脱近代の語り方

近代化された技術の語り方には、特徴がある。人間の利害を中心に語りすぎるのである。最近は、語りに物語が感じられない百姓が多い。作物のできぐあいや技術の内容を語るが、その尺度は収量など経済であることが多い。技術にしても、どれほど低コストか、増収するか、楽かなどが雄弁に語られる。自分の利害に引きつけてしまいがちである。作物や自然のことを語ってはいない。ふたたび米ぬか除草を例にとろう。

うまくいくと「手取りのときより格段に楽になった」と言う。楽になって、あまった時間を田んぼの観察に当てないと、手取りのときよりも田んぼの中のことが決定的にわからなくなる。米ぬかの分解によって、田んぼの中は激変する。その変化をつかむまなざしがないと、手段としては「除草剤」とあまり違わなくなる。草取りで味わった生きものたちとのつきあいを、数十年経っても物語る百姓はいなくなってしまう。「マツモ虫に刺されたほうが、ガ虫の幼虫にかまれたよりも痛いよな」という話から、言葉がつながり、聞き手が現れたとき、物語となる。

米ぬか除草に限らず、草取りがうまくいくと、かつて百姓は「稲が喜んでいる」と感じたものである。「きつかった、楽だった、これで減収しなくていい」などという人間の利害表現は、あとから湧いたものだという。

二〇〇三年は、東北では冷害、西日本では日照不足に悩まされた。九州でも七月と八月は雨ばかりで、稲の葉は長く伸びた。指導機関はすぐに「徒長している」と表現する。稲は少ない陽の光をできるだけ集めようとして、葉を伸ばしているのに、まるで化学肥料をやりすぎた稲のように表現する。「がんばってるんだね」と話しかける気持ちは、どこかにいってしまった。

〇五年は飛来した背白ウンカの産卵痕で、箱施薬をしていない稲は葉鞘の枯れ方がひどかった。それを見て「これで分けつが少なくなる」と悔やむ百姓がいる。しかし、これは稲が産卵された周囲の自らの細胞を殺すことによって、ウンカの孵化を妨げているのである。この壮絶な闘いを応援する百姓がいてもいい。

「カスミを食っては生きていけない」と言われる。しかし、カスミもないと人間は生きていけないことを証明する学がなければならない。カスミとは、百姓仕事が生み出した自然、カネにならない世界のことである。多くの身近な生きものがカスミと表現されているだけではないのか。そこで脱近代の語り方を整理してみよう。

①作物の身になって感じてみる。それを言葉にしてみる。もちろん、人間の言葉だから、作物

が語っているのではないけれど、そう聞こえるように語るのも文化である。
②損得・経済・経営以前の、自分の気持ちを確かめてみる。自分は何のために生きているのだろうか、何のために百姓になったのだろうか、何をよりどころにして、何を意気に感じて生きてきたのか、と考えてみる。それを表現する。
③カネにならない生きものにも、目を向けてみる。たぶん、あなたの仕事の結果、そこにいるものたちにちがいない。その生きものと百姓仕事の関係が見えてきたとき、新しい物語は自分のものになる。新しい文化を伝承できる。
④近代化してはならないものを見分けるまなざしを、意識してみる。
⑤カスミもタダではない、と考えてみる。カネになるモノに執着できるのは、カスミがタダだからだと考えてみる。

近代化尺度に対抗する生物多様性の尺度

百姓の経験は、自分の田畑をなかなか越えられない。一方、生きものは田畑を越える場合が多い。百姓は、自分の農法になかなかの自信をもっている。それは、試行錯誤のうえで自分の田畑にあった農法を選んだだけでなく、それを自分なりに加工し、深化させたという自負の表れである。したがって、他の農法よりもそれが優れていると思っている。そして、自分の農法に「普遍性」と「普及性」があると思い込む場合が少なくない。

こうなると、科学との競争に巻き込まれる。近代化農法が、科学を動員して普遍性と普及性を確保しながら、この国の農の表面を覆っていった構図と似てくる。科学の言葉は、雄弁で説得力がある。しかし、農においては、科学も経験を引きずらざるをえない。科学はいまだに、そして永遠にとらえられない現象に満ちているからだ。でも、それは科学で解明できなくても、ちゃんとくり返し、持続できてきた。それが工業ともっとも違うところであろう[9]。

少し回り道になったが、「普遍」や「普及」という欲望が多様性を失わせたことを思い起こしたい。もちろん、それが百姓よりも研究者や指導員に強く表れたのは当然であった。そして、その普遍や普及を求めると、農法を比較する尺度が必要になる。優劣を競うことになる。

それ自体は目くじらを立てることではないが、優劣を決める尺度が時代の精神を体現してしまうところに問題がある。この比較を後押ししてきたのは、「生産性の向上」という近代化精神だった。たしかに、多収のための技術は多様に見える。良質米生産の技術は多様に見える。では、その多様性と有機農法の多様性は同じだろうか。有機農法も、近代化農法と同じように、カネになるものに尺度を設けるなら、比較できるだろう(これを近代化尺度と呼ぶ)。どちらが多収か、楽か、低コストか、周囲の農薬の影響を受けにくいか、などと。

しかし、もう一度、その尺度を多様に取り戻すことが大切ではないだろうか。カネにならない尺度をさがすのである。そして、カネになる尺度による比較をむなしいものに変えることはできないだろうか。そこで、生物多様性を尺度にする道をさがすのである。そうすれば、近代化尺度というものの限界が明らかになるだろう。農法の多様性を肯定すると、「有機農法ばかりでなく、近代化農法もあってもいい」という肯定の論理だと誤解されるが、生物多様性という尺度が導入され、内容も成熟していけば、結論は出るだろう。まだまだこういう尺度が認知されていないから、近代化尺度が横行し、多様性の内実が誤解と悪用されるのだろう。

近代化尺度は、農法の多様性を奪う方向に働いた。脱近代化尺度は、農法の多様性を生み出す方向に働くだろう。生物多様性という尺度によって現代の有機農法の欠陥が露わになるという過剰な心配があるようだが（合鴨農法やジャンボタニシ除草などは、一面で生物相の単純化ももたらしているのは事実であるが）、それはこの尺度の展開を狭くしかとらえられないからである。そこで、生物多様性という尺度の実現の道のりについて、考えてみよう。

①生物種の多さを競わないための工夫が不可欠である。なぜなら、生物種の存在の根拠は、現時点の農法の所為だけではなく、その原因の解明がこの尺度の目的だからである。

②農法の多様性は、田畑を越えたところで地域内の循環・移動も対象にすることで、はじめて位置づけられる。そういう新たな尺度が考案されなければならない。

③生きものと人間のつきあいの尺度がなければ、数値の暴走を止められない。

畦草と折り合う術

とうとう、「畦の草」までも邪魔者扱いされるようになった。畦草に除草剤をかける百姓が増えていき、いかに畦草を刈らずにすむかという研究がもてはやされている。畦草を例にとって、自然環境の危うさと、限りない可能性を考えてみたい。

『雑草図鑑』を開いてみるといい。田畑に生える草は載っているが、畦に生える草は収録されていない(『田の虫図鑑』までは、ただの虫が載った図鑑がなかった構造と同じだ)。生産に直接寄与するものと、生産を阻害するから排除せねばならないものだけに目を注いできた近代化精神をよく表現している。しかし、百姓にとって、畦草はくらしと切っても切れないものである[10]。

畦草の必要性や、畦草の花の美しさを話題にすると、「畦草刈りが負担になっているのに、何を悠長なことを」という反発が返ってくる。これは、「(ほんとうは自分も好きなんだけれども)赤トンボやメダカやホタルではメシは食えない」という怒りと悲しみと同じ構造だろう。こうした百姓の発言に同調するのではなく、超えていく道こそ探らねばならない。

ところが、一方では、「見苦しいので畦には除草剤は絶対使わない」と言う百姓や、「棚田の石垣の間の草取りは欠かせない」と言う百姓も、少なくない。生産性を追求しない生き方も、まだ存在するのである。その意味を考えたい。

春の七草を食べる習慣は健在である。セリ、ナズナ、ゴギョウ(母子草)、ハコベラ、ホトケノザ(小鬼田平子《こおにたびらこ》)、スズナ(嫁菜)、スズシロ(ノビル)。これらの春の七草が、山野の野草ではなく、すべて畦草であることを考えればいいだろう。決して栽培されたモノでもなければ、人里離れたところに生える野草でもない。みんな、そのあたりの畦の草なのである。

畦草を楽しむ文化は、いまもまだ残っている。それを農業の一部と見る思想が衰えただけのことである。カネにならない畦草の花だって、仕事の合間に畦に腰掛けて休憩する百姓の目に映らないはずはなかった。心をうったことも、再三再四あったはずである。ただ、その感情や感動を表現したり評価したりする文化が、近代化精神によって否定され、衰えただけの話である。現代の稲作技術に畦草を観賞する技術がないことを誰も不思議に思わない時代になってしまった。近代化技術とはそういうものなのであろう。

彼岸花だってそうだ。彼岸花は、飢饉に備えて、球根のデンプンを水にさらして食べるために植えられたそうである(モグラ除けにもなる)。彼岸花を美しく咲かせるためには、花茎がすっと地上に伸び上がってくる前に畦草刈りをすませておかないと、つぼみの茎を切ってしまう。また、草刈りしないと、他の草に埋もれて彼岸花は美しくない。一方、花が終わってしばらくすると、葉が伸びてくる。遅れて草刈りするようでは、葉を切って球根は太らない。こうして、百姓仕事をとおして、無意識に自然は体にしみこんでいったのである。

畦は自然と田んぼの境界である。だから、田畑の草と山野の草が同居する。また、田畑の草でも山野の草でもなくなった草たちが、安定して生きている。同じように、「雑草」は作物と自然の植物との境界の生きものである。草の多様性の原因がここにある。「雑草」という言葉は、排除する草だけを表現していない。百姓にとって、折り合うしかない植物たちであり、そのつきあいは作物同様に濃厚だった。除草剤の登場前までは。「雑木」が決して役立たない木を表現する言葉でないように、「雑草」だって、いい言葉なのかもしれない[11]。

なぜ、近代化技術は畦草を活用できないのだろうか。いまだに畦草の排除に躍起となっているのを見ると、その貧しさの底なしは悲しいほどである。せめて、草を楽しみ、草を活かしてきたくらしの豊かさを引き継げない悔しさを、もちつづけるべきではないだろうか。

畦草を近代化精神から救い出す方法はあるのだろうか。かつて、畦は田んぼの広さを確保するために、できるだけ削られ、狭められてきた(それでも、人が通れるだけの広さはあった)。その分、崩れないように、水漏れしないように、さまざまな手入れが工夫されてきた。畦塗りや畦草刈りが、そうだ。

現在、日本中で水田の圃場整備がすすみ、畦は高くなった。畦塗りの必要もなくなった。それだけではない。もっと重要な事態がすすんでいる。畦の消滅である。整備された一 ha の圃場では、何本もの畦が姿を消したではないか。ところが、その弊害を誰も語らない。もし畦を歩くことが農業技術にしっかり位置づけられていたなら、畦に棲む生きものや植物について語られていたなら、こんなに簡単に畦をつぶすことはなかっただろう。そんなに田を広くしたのに、まだまだ畦草刈りが負担になるというではないか。生産性追求の歯車を止める術を近代化主義者は知らないようである。

かつて、畦草は(山野の草も)牛の飼料として、大切にされてきた。地域の草を活用する牛飼いもちゃんと成り立ってきた。現在では、輸入飼料の前に、そうした「高コスト」の畜産は「経営的」

に成り立たない[12]。しかし、環境にやさしい農業を追求するなら、環境を守るモデルとして、資源を循環できる伝統的な飼養を再評価せねばならないだろう。こうした生産にこそ、デ・カップリングで税金をつぎ込むべきだと思う。

たしかに、百姓にとって、草との闘いは大変だった。だからこそ、百姓は草を排除するのではなく、折り合う術を見いだした。そうした術さえ成り立たない構造は、減農薬運動以前の百姓と害虫の関係に酷似している。畦草を排除する技術と社会を肯定するなら、自然環境を守っていくしくみはできるはずがない。

5　生きものを表現する

百姓がつくる生きもの指標

農学からの生物多様性へのアプローチであるＩＢＭの成果をひとつ紹介しよう。この成果は、天地有情の農学のひとつの表現としても歴史に残るかもしれない。

農と自然の研究所では自分の田んぼの「生きもの目録づくり」(生きもの調査)を呼びかけてきた。それに取り組んでいる百姓から、「生きものを数えたが、これは多いのだろうか、少ないのだろうか。その目安はないのか」という問い合わせがある。たしかに、地域ごとの生物指標が作成されなければならない。なぜなら、環境の質を測ったり、目標を定めたり、技術を評価する基準が必要だからである。

しかし、「指標」にすると、大切なものがぽろぽろこぼれ落ちてしまうのは避けられない。それは百姓一人ひとりの思い出であり、経験であり、情念である。生きものや草とそれぞれのつきあいがあり、そこにカネを超えた何かが濃密にあるはずだ。それゆえ、多くの生きものが激減し、危機に陥っているとき、その深刻さを百姓が行使する農業技術がすくいあげられないのなら、「百姓としての思い」もまた危機に陥っていると言うしかない。だから、生物指標よりも、それを作成しようとする心根と、作成する行為が大切なのである。

ところが、こうした行為は、農業技術とは見なされていない。仮に行うとしても、農業試験場や環境保全の専門家の仕事として外注されることになりそうである。それを百姓がやることで、これらの限界は超えられると考える。わが家の田んぼや地域の生きもの指標を百姓がつくることが重要なのである。研究者や学者は、その手法を開発して提案するのだ。

たしかに、ひとつの生物指標は定着しているように見える。全国の都道府県で作成されているレッドデータブックが、それである。絶滅危惧種の大半は農地・林地の生きものだ。だが、こうした指標の作成に百姓はかかわっていない。農学者も農業研究者も、ほとんどかかわっていない。だから、当の百姓が「へえー、タニシは絶滅しそうなのか」という程度なのである。これでは対策の立てようがないだろう。従来の学では、こうなってしまうのである。

だからこそ、農と自然の研究所は百姓(市民)による、百姓(市民)のための「めぐみ台帳・生きもの目録」作成を提案したのである。百姓が、自分の田んぼの生きものの危機を自分で認識することから出発し、調査技術も立派な土台技術として確立していかねばならない[13]。そこで、福岡県の環境デ・カップリングの成果のひとつを、生きもの指標として表現した。日本ではじめて、生きものが多いか少ないかの目安が作成されたのである。

生き方としての農業を支えてくれるもののうち、生きものへのまなざしは経済効率を求める近代化精神を乗りこえていく土台となる。とくに、自然への働きかけである百姓仕事の豊かさを失わないために、いわゆる有機農業百姓や環境保全型農業百姓こそが身にまとっておきたい。このまなざしを深める手法としての生きもの指標を、非近代化尺度のひとつとして具体的に提案してみよう。

指標化の考え方と方法

「自然環境にやさしい農業」としての有機農業という言い方に対して、「自然はどう変化しましたか」と尋ねられたら、実感として生きものの実態を語ることが説得力をもつだろう。なぜなら、機器分析の結果としての汚染値や残留値は科学的かもしれないが、実感がわかないし、検証も自分ではできないからである。だからこそ、全国各地で生きもの調査が実施されるようになってきた。

しかし、調査方法はずいぶん成熟してきたが、結果の表現と評価の手法は未確立である。それは、データ不足に加えて評価基準が定まらないので、生物多様性が尺度化されていないからである。一人ひとりの百姓の生きものへのまなざしが生き方のなかに埋もれて、社会化されていないからである。つまり、従来の農学では、たとえばタイコウチが稲作にどう影響しているかという問題がたてられなかったし、あえて「科学的」に接近しようとしても、思うような因果関係が見えてはこなかった。また、タイコウチに「足とり河童」と名づけて親しんできた百姓の情念に寄り添って位置づけをはかろうにも、そういう手法がなかったからである。

そういう意味で、農業技術としての生きもの調査は画期的な試みであったと言えよう。さらに「生きものの指標化」が成功すれば、生きもの調査もさらに進化し、広がりを加速させるだろう。同時に、魅力的な概念ではあるが、実質を提示できなかった生物多様性に具体的なイメージを与え、百姓の情感のよりどころとなるだろう。

桐谷圭治は、ＩＢＭ理論のなかで、生きものを「経済的被害許容水準」と「絶滅限界密度」の間で安定させることが今後の農業技術のあり方だと提唱している(一八〇ページ図4―1)。この被害許容水準は、益虫やただの虫にはそのまま適用できない。しかし、現在の自然環境を形成したのが一九五〇年代までの近代化される前の伝統的な百姓仕事と百姓ぐらしの成果であると仮定すれば、この時代の水準を「望ましい豊かな水準」として採用できるように思える。(14)

いままでも現在も、生きものの生息密度のデータはほとんどない。ただ、百姓の思い出のなか

図4—1　IBMの概念

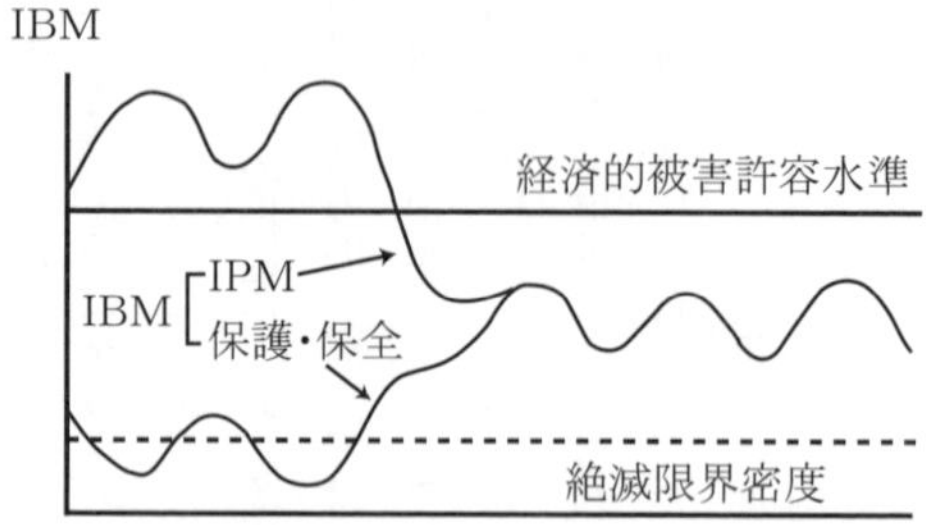

（出典）桐谷圭治『「ただの虫」を無視しない農業』築地書館、2004年。

にはまだ残っている。このことが重要である。一方、絶滅限界密度についても、個々の種の危機密度は明らかでない。だが、これもすっかり減ってしまった生きものと百姓のつきあいの歴史のなかに、手がかりが残っている。天地有情の農学では、こうした百姓や研究者の思い出も経験も動員する。

　私は、密度が高いほうの被害許容水準を害虫に設定し、五〇年代の望ましい豊かな水準を益虫やただの虫に設定しようと思う。そして、密度が低いほうの絶滅限界密度を、ぎりぎりの限界ではなく、「百姓の実感」で危惧する密度として、「危機ライン」として設定する。

　たとえば、ある村では一〇haに一匹が絶滅限界密度だと仮に設定できても、そういう低密度を認識するのは不可能に近い。しかし、一〇aに一匹なら「少ないな」と認識できる。これを基準にする。現実に百姓が調査して、感じることができる限界を見いだすのである。多くいるのがあたりまえのオタマジャクシなどでは、稲一株に一匹以下なら、百姓としては「少ない」と感じる。一株一匹なら、一〇aでは二万匹もいて、絶滅するような水準ではないが、百姓にとって少ないと感じる水準なら、ここに危機ラインを設定するのである。こうなると、「とても科学的ではない」と批判されるのは目に見えているが、科学的であるより大事な尺度が必要である。

ひとつのモデルとしての田んぼの生きもの指標

福岡県では新しいスタイルの環境政策として、二〇〇五年から「県民と育む農のめぐみモデル事業」を実施した。①減農薬栽培であること、②生きもの調査を行うこと、③作業日誌をつけることを条件に、水田一〇aにつき五〇〇〇円と一戸あたり一万三〇〇〇円の環境支払いが行われている。〇五年は、約二〇〇人の百姓が県内一四地区の八六筆で、三回の調査を七五種の生きものについて、〇六年は、約二〇〇人の百姓が一四地区の九〇筆で、四回の調査を一〇〇種の生きものについて、それぞれ行った。

生きもの調査をすること自体が生きものへのまなざしの回復につながり、多くの実りをもたらしている。問題は、この調査成果を県内すべての田んぼに応用して、自然環境へのまなざしを県民と共有していく方法の開拓である。

そこで、この膨大なデータを地区ごとに分析し、その最高値と最低値をもとに、「豊かな水準＝一九五〇年代密度」と「危機ライン」を、ワーキンググループと農と自然の研究所で設定したのが、表4―1である。最高値・平均値・最低値に百姓の「思い」を加味して、一九五〇年代密度と危機ラインは設定された。

指標案（動物編・福岡県版）

Ⅰ類：百姓仕事の指標						
1　畦の手入れの指標	単位	1950年代	最高値	平均値	危機ライン	最低値
シュレーゲル青蛙	10㎡	4	4.0	4.0	0.1	—
小縞ゲンゴロウ	10㎡	5	5.0	1.5	0.1	1
灰色ゲンゴロウ	10㎡	20	11.0	1.4	0.1	1
姫ガ虫	1㎡	10	10.7	1.2	0.5	1
平家ボタル	10 a	1000	20.0	20.0	5	—
クモヘリカメ虫	10㎡	20	20.0	8.5	0.5	0.5
笹キリ	10㎡	7	7.0	1.2	1	—
2　田回り・水見の指標						
オタマジャクシ	1株	10	9.3	2.3	1	0.7
沼蛙	1㎡	20	18.3	4.4	1	0.2
土蛙	1㎡	3	8.3	2.1	0.1	0.1
雨蛙	1㎡	8	7.0	1.4	0.5	—
ヤゴ類	1㎡	5	9.0	2.5	1	1
3　土つくりの指標						
ミジンコ	1株	2000	1950.0	247.5	10	30
ユスリ蚊	1株	100	150.0	20.5	2	2
糸ミミズ	1株	200	63.3	21.4	2	3
トビ虫	1株	50	50.0	24.8	3	2
4　減農薬の技術指標						
(1)クモ類						
菊月子守グモ	10㎡	20	19.6	5.2	2	—
優形足長グモ	10㎡	20	96.0	19.0	2	1
土用鬼グモ	10㎡	30	27.0	4.9	2	1
長黄金グモ	10㎡	10	17.3	2.4	0.5	1
赤胸グモ	1株	5	3.1	2.4	1	0.1
八星鞘姫グモ	10株	10	10.0	7.0	1	—
大和木の葉グモ	10株	15	16.7	5.8	0.5	—
(2)トンボ類						
ショウジョウトンボ	10 a	2	2.0	1.3	0.1	—
青紋糸トンボ	10㎡	20	20.0	2.2	1	1

表 4—1　田んぼの生きもの

	単位	1950年代	最高値	平均値	危機ライン	最低値
夏アカネ	10 a	10	7.5	4.8	2	—
⑶天敵						
姫アメンボ	1 m^2	8	12.6	2.3	1	0.1
肩黒緑霞ガメ	10 株	40	20.0	12.3	1	—
カマキリ	100 m^2	15	15.0	3.5	1	—
ツバメ	村	100	60.0	10.8	4	3
⑷害虫						
稲水象虫	10 株	—	20.0	1.0	—	1
背白ウンカ	1 株	40	93.3	12.7	—	1
ツマグロヨコバイ	1 株	10	4.5	1.2	0.5	0.1
稲ツト虫	1 m^2	5	6.0	0.9	0.1	—
姫鳶ウンカ	10 株	4	5.0	3.2	0.5	?
鳶色ウンカ	1 株	100	100.0	3.6	—	1
5　生物技術の指標						
カブトエビ	1 m^2	※10	22.6	6.6	0.2	1
スクミリンゴ貝	1 m^2	—	122.6	10.4	0.5	1
貝エビ	1 株	3	2.7	1.3	0.1	0.1
6　水路と田んぼのつながりの指標						
メダカ	10 m	200	53.3	20.2	2	—
ドジョウ	10 m	100	4.0	3.0	5	—
ナマズ	10 m	1	1.0	1.0	0.1	—
フナ	10 m	10	10.0	4.3	1	3
南沼エビ	10 m	30	3.0	3.0	1	—
7　ため池と田んぼのつながりの指標						
タイコウチ	10 a	30	5.0	3.0	1	—
水カマキリ	10 a	30	12.6	8.4	1	—

II類：生物多様性の指標						
8　絶滅危惧種の指標	単位	1950年代	最高値	平均値	危機ライン	最低値
殿様蛙	10m^2	10	3.3	2.1	0.5	—
タナゴ	10 m	20	10.0	4.8	0.5	—
二化螟虫	10m^2	100	不	不	1	不
9　まなざしの指標						
芥《ケ》子《シ》肩広《カタビロ》アメンボ	1株	15	15.0	4.5	0.5	1
チビゲンゴロウ	1m^2	20	15.7	2.3	5	1
10　食物連鎖の指標						
(1)ヘビ・亀など						
ヤマカガシ	10 a	2	2.0	0.9	0.3	—
シマヘビ	10 a	3	2.0	1.1	0.5	—
マムシ	10 a	3	1.0	0.5	0.1	—
臭亀《クサガメ》	10 m	1	1.0	1.0	不	—
血吸ビル	10 a	100	555.0	12.6	10	1
(2)鳥						
小サギ	村	30	31.6	11.3	2	2
中サギ	村	不	不	—	不	—
大サギ	村	不	不	—	不	—
亜麻サギ	村	20	17.5	6.5	1	3
青サギ	村	15	9.3	2.6	1	1
五位サギ	村	5	5.0	1.6	1	1
11　ただの虫の指標						
鬚長谷地バエ	10m^2	不	10.0	2.2	0.5	2
菱バッタ	10m^2	10	10.0	3.4	1	1
姫モノアラ貝	1m^2	20	45.3	3.9	1	4
逆巻き貝	1m^2	不	48.8	3.3	1	3
12　侵入種の指標						
アメリカザリガニ	10 m	不	—	—	不	—
ミシシッピ赤耳亀	10 m	不	—	—	不	—
牛蛙	10 m	—	—	—	不	—
カダヤシ	10 m	不	—	—	不	—

III類：風土・文化の指標						
13　湿田の指標	単位	1950年代	最高値	平均値	危機ライン	最低値
日本赤蛙	1 m^2	3	2.5	2.5	—	—
赤腹イモリ	10 a	4	1.0	1.0	0.5	—
14　風景の指標						
薄羽黄トンボ	m^2	6	4.7	1.0	0.5	0.1
秋アカネ	—	—	—	—	—	—
スズメ	村	1000	1000.0	92.5	50	5
カラス	村	20	20.0	9.9	2	2
15　伝統文化の指標						
銀ヤンマ	10 a	10	5.0	1.7	1	—
塩辛トンボ	10 a	5	5.0	2.1	1	—
源氏ボタル	10 m	100	20.0	10.0	1	—
川ニナ	10 m	100	45.0	21.9	5	—
豊年エビ	1 m^2	20	60.0	23.1	0.2	1
石亀	10 m	不	不	—	不	—
16　食文化の指標						
丸タニシ	1 m^2	20	33.6	3.4	0.2	—
沢ガニ	10 m	10	2.0	1.3	1	—

（注1）—：設定不能、不：データ不足。
（注2）最高値は2005年と2006年の極端な値を除いた全14地区の多いほうから3地区の平均。1950年代は、この値をもとに設定した。
（注3）危機ラインは、2年間の0（いない）を除いた最低値をもとに設定した。
（注4）平均値は、極端な数値を除いた2年間の平均値。データ不足の種は、2001年以降の農と自然の研究所の調査値を利用した。
（注5）単位としての「村」とは、約20 haの田んぼがある地域を想定している。

指標化によって見えてくる世界

私たちは自然のすべての生きものを見ているわけではなく、いくつかの生きものを選択して見ている。そして、いくつかの生きものとの関係を自分の自然観として語る。つまり、「生物指標」と聞くと新しい概念のようだが、伝統的に指標化は行われてきたのである。その指標化の営みが衰えてきたから再興する必要があるとも言えるだろう。

百姓は（県民は）目の前の田んぼの生きものを見て、「多い」と感じるか「少ない」と感じるか、その尺度を持ち合わせていない。一九五〇年代なら、その尺度が曲がりなりにも村にはあった。なぜなら、百姓仕事やくらしのなかで生きものに目を向ける時間が、今日に比べれば圧倒的に多かったからである（田んぼ一〇aあたりの労働時間は現在の約五倍）。つまり表4―1の豊かな水準と危機ラインの提案は、まなざしを深める後押しなのである。

生きもの調査を行ってみて最大の驚きは、地域ごとの、さらに個別の田んぼごとの生きもの密度の差がはなはだしく大きいことである。その原因はたしかに農薬などの生産技術や圃場整備などの基盤技術にあるが、それだけでは説明できないことのほうが多い。それを解明していくためにも、まなざしの深まりが求められるだろう。その差異の自覚がこの指標によってもたらされることになる。

生きものにまなざしを向け始めた多くの百姓や県民にとって、「まだ、いたのか」と気づき、感動する生きものが少なくない。さらに、この指標が引き金になって、自分の田んぼのレッドデータブックが作成される意味は大きい。すでに述べたように、福岡県の絶滅した種と絶滅の危機に瀕している種の約三〇％強が田んぼとその周囲の畦や水路やため池の生きものである。これらの生きものを絶滅させてはならないとすれば、その役割は県民が百姓に依頼しなければならないだろう。その役割を引き受けるためにもこの指標は役立つだろう。

指標化の課題

①指標の活用と改変

この指標は、毎年毎年の調査結果をもとに修正されるだろう。なによりも、この指標が議論の的となり、百姓を中心として検討の俎上に載せられることによって、改変させられるだろう。それがもっとも期待されることである。

②自分の田んぼの指標化

もっとも大切なことは、百姓が自分の田んぼの「めぐみ台帳・生きもの目録」にもとづいて、生きもの指標を自分で作成することである。こうした指標の積み上げで、地域や市町村や都道府県の指標が作成されるのが、手順としては正当だと思われる。

③里(地域)ごと、市町村ごとの指標化

たしかに田んぼごとに生きものの生息は大きく異なるとしても、生きものは里(地域・地元)に依存している。里ぐるみのかかわりが欠かせない。越冬場所、避難場所、移動場所などは、田んぼを越えるからだ。多様な環境保全的な農法が存在しなければならない理由もここにある。

④田んぼの生きもの全リストの作成・公表

一〇〇〇種とも一三〇〇種とも言われているが、その全リストと生息密度はまだ作成されていない。私たちは近いうちに公表するための準備を進めている。

⑤田んぼの生きものの図鑑づくり

図鑑は代表的な生きもの指標の表現方法である。全国版の『田の虫図鑑』の改訂が急がれるが、福岡県、長野県伊那谷、栃木県では、地域に根ざした生きもの図鑑づくりが実を結んでいる。この動きが広がってほしい。

⑥畑や草地への展開

試みが始まっているので、成果を待ちたい。

6　生物技術の組み立て方

殿様蛙を育てる技術

具体的な生物技術をどう組み立てていけばいいのかを考えてみよう。はじめに、福岡県で絶滅危惧種の殿様蛙を復活させる生物技術の形成過程をシミュレーションしてみる。

①まず、殿様蛙を育てる必要性を百姓が認識する。

②そのためには、殿様蛙がそこにいなくてはならない。仮にいまはいなくても、もともとそこにいなくてはならない。「この地方はもともとダルマ蛙しかいないよ」と言われたら、その地域では成り立たない。このあたりまえのことが、従来の「普遍性」をもった農業技術では軽んじられてきた。

③殿様蛙の存在を「有用性」で説明する。その場合、天敵として役立っているとか、絶滅危惧種に指定され貴重であるとか、ペットショップに売ると一〇〇〇円になるというような有用性だけでなく、子どもがオタマジャクシが泳ぐ田んぼに興味をもっている、私は蛙の表情が好きだ、というのも入れていい。

④有用性で説明できなくても、「無用性」で説明する。無用であっても、この田んぼで代々生きてきたのだから、役に立たなくても、いてもいい、という説明である。

⑤次に、どれくらいいるのか実態を把握する必要がある。殿様蛙の識別は簡単だから（ダルマ蛙との境界線は入り交じっているかもしれない）、田んぼで仕事しているときに見かける頻度で推定する。私の田んぼでは、一〇ａに四匹ぐらいしかいない。

⑥ここで生きもの指標が役に立つ。自分の田んぼの殿様蛙が危機に瀕しているのか、大丈夫なのか、判断できるからだ。表４―１の殿様蛙の危機ラインは、一〇㎡あたり〇・五匹、つまり一〇ａに五〇匹である。これ以下になると、危機に瀕していると言っていい。

⑦たくさんいれば、危機感は生まれない。だからといって、放っておけば減少するかもしれない。だから、いっぱいいるワケをつかみたい。そのためには、減少している田んぼの原因が参考になる。
⑧減少していると感じたら、危機感をもちたい。危機ラインを下回っているなら、なおさらである。かつてたくさんいたという実感がない青年たちは、親たちから聞き取りをする。
⑨どれくらいいればいいのかは、設定がむずかしい。地域ごとに目標を定めるべきだろう。かつて多かった時期を目標にしたいが、実態は記録されていない。あまり数値にこだわると楽しくなくなるので、やりながらまだ少ないのじゃないか、などと議論したい。田んぼの立地や農法によってかなり異なるのは当然であろう。地域に豊かな水準の指標があると便利だ。
⑩生態を情報収集する必要がある。それは、文献情報だけでなく、百姓の経験の収集でもなければならない。
⑪他の蛙のオタマジャクシがいるのに、殿様蛙だけが少なければ、産卵場所が少ないのではないかと疑ってみる。西日本では、産卵時期の五月に産卵場所だった水苗代が田植機に合わせた育苗方法への変化で消滅したのが原因であろう。このように見当をつけて、対策を考える。
⑫そこで、田植えを早めるか、水苗代の復活を試みることにする。そのためには、稲作に大きな変更が伴う。
⑬その変更に伴う百姓の負担を、デ・カップリングで支援してほしいと要求する（近いうちに、

そうした活動への支援を受け付ける政策システムができあがるだろう)。

⑭入水を早めるのだから、水利権の調整が必要となる。「殿様蛙のため」という理由で水利組合や土地改良区を説得できるか心配はあるが、やるしかない。雁や白鳥のために冬季に湛水している事例に学びたい。

⑮水苗代や早期の田植えによって、逆に生存基盤を失われる生きものもある。自然環境とはそういうものである。何が失われるか、それは周辺の田んぼで代替可能かどうか、考えつづける気持ちが大切である。

⑯水苗代や早期田植えだけでは、殿様蛙は産卵してくれない。産卵を誘うものが何か研究しなければならない。

⑰幸い産卵してくれたとして、オタマジャクシが成体になるまでの一カ月あまりは、苗代や田んぼの水を切らすわけにはいかない。毎日の田回りが必要になる。そして、卵の形態によって殿様蛙かどうかを同定する。オタマジャクシの観察も欠かせない。

⑱湛水を続けることによって稲水象虫などが増加し、稲への被害が出るかもしれない。精神的にもがまんを強いられるだろう。(15) こうした負担にも公的な支援が必要である。農作物共済制度も、こうした環境技術への対応を変えなければならない。

⑲湛水状態の持続は、田んぼによっては、稲の生育にも悪影響を与えるかもしれない。間断灌水という技術は行使できないのだから、そうした技術に頼らなくてもいい生育促進技術も同

時に付随させなくてはならないかもしれない。
⑳オタマジャクシの餌を確認し、オタマジャクシを餌としている生きものを確認することは、有用性への扉を広げるためである。
㉑こうした結果、天敵としての殿様蛙、その波及効果としてのそれ以外の生きものの増加による「効果」を測定したい。しかし、これはかなりむずかしいだろう(後作のキャベツのコナガ対策に効果があるという百姓もいる)。古川農業試験場(宮城県)の雨蛙の簡易食性調査法の開発は、参考になるかもしれない。
㉒秋になって田んぼや周辺の殿様蛙の密度調査を行い、どれだけ増えたかを判定する。この成果は記帳され、デ・カップリングの申請に使用する。その結果を評価するしくみを公的機関はもたなければならない。
㉓こうした調査は百姓だけがやるのではなく、子どもや市民や技術員、専門家が参加したほうがいい。そのデータが公開され、同時に集成されれば、地域の環境データとして広く役立てられるだろう。

黄アゲハと紋黄蝶を育てる技術

もうひとつまったく違った角度から生物技術を考えてみよう。

春になると紋黄蝶が飛び、夏になると黄アゲハが舞う。それは自然現象だと誰でも思っている。

ところが、紋黄蝶の幼虫は、レンゲやカラスノエンドウ、クローバーを食べて育つ。黄アゲハの幼虫はセリや人参の葉がないと育たない。つまり、そこに農業がないと激減してしまう農業生物である。しかし、レンゲや人参を栽培する農業技術はあるが、紋黄蝶や黄アゲハを育てる農業技術はない。ましてカラスノエンドウやセリを育てる技術は、まったくその影すら見えない。では、それをつくればいいのではないだろうか。(16)

こう言うと、「雑草を育ててどうするんだ」と怒られるだろう。多面的機能がほんとうに国民に評価されれば、怒られることもなく、むしろそうした技術にデ・カップリングの助成も用意されるようになるだろう（ドイツの例は一二〇ページ、二二一ページ参照）。

「野の草花に価値を見いだすのは簡単ではない」と誰しも考えるようである。そうだろうか。私は、そんなことはないと思う。子どもを見るといい。学校からの帰り道、畦で花を摘んでいる光景は、まだ珍しくはない。そこに花が咲きほこっているなら、誰しも足を止める。役に立つか立たないかというようなまなざしで見たりはしない。子どもの価値観は、まだ近代化されてはいない。カネになるものだけに目をとめることはない。

子育てで忙しい母親たちに黄アゲハの話をしたことがある。黄アゲハの幼虫が、人参やパセリ、セリを食べて育つことを教えたのである。「アゲハ蝶が舞うのは、決して自然現象ではない。もしあなたが地元の人参を食べなければ、アゲハ蝶も滅ぶのですよ」と。その後で一人の母親からお礼の手紙が来た。

離乳食の最中の子どもが、なかなか人参を食べたがらなかったそうだ。ところが、私の話を聞いた後では、食べるようになったというのである。母親は食べさせ方を変えたのだった。それまでは、栄養素が多いから、子どもに必要だから、食べさせよう食べさせようという気持ちが強かったという。しかし、私の話を聞いた後は「この人参はアゲハ蝶の幼虫も食べているのよ。あなたもお母さんもアゲハ蝶も同じこの人参を食べて、同じ世界で生きているのよ」と語りかけながら食べさせたそうである。この母親のなかで、人参を食べることは、単なる栄養摂取のためではなく、自然とつながる行為になったのである。人参の価値は豊かに広がり、天地有情の世界につながったのである。

それは、人参を育てる技術が豊かに拡大することにつながる。人参を食害する黄アゲハの幼虫を見る百姓のまなざしもまた、変化していくだろう。環境技術は農産物の価値もまた広げるのだ。[17]

黄アゲハを育てる技術は、ほんとうは既存の農業技術の土台に存在している。だからこそ毎年、黄アゲハが生まれてくる。その土台技術を見つけるまなざしが、形成されればいい。それを消費者が見つけることもありうる。

（1）鷲谷いづみ『生物保全の生態学』共立出版、一九九九年。生物多様性とは biodiversity（bio+diversity）の訳語で、社会に広く知られるようになったのは一九九二年の「地球サミット」（環境と開発に関する国際会議、リオデジャネイロ）からである。定義はさまざまだが、九二年に締結された生物多様性条約では

「すべての生物（陸上生態系、海洋その他の水界生態系、これらが複合した生態系または生息または生育の場のいかんを問わない）の間の変異性をいうものとし、種内の多様性、種間の多様性及び生態系の多様性を含む」と定義されている。

（2）農学がそれまで「ただの虫」という概念をもてなかったことへの反省は、この言葉を「学術用語」として認知してくれたところにも現れている。

（3）栗原康「イトミミズと雑草――水田生態系解析への試み（1）」『化学と生物』第二一巻第四号、一九九〇年、二四三～二四九ページ。

（4）畦草刈りのとき誤って切ってしまった蛇を後で線香を焚いて弔う習慣は、滅びてはいない（農と自然の研究所編『百姓仕事と生きもののにぎわい（田んぼのめぐみシンポジウム資料集）』農と自然の研究所、二〇〇二年）。

（5）桐谷はＩＢＭの定義を簡略に表現してはいないが、私なりに定義すると、「カネになる生産と矛盾しない形で、望ましい自然環境を形成する農業技術」となる。

（6）「ただの虫」まで管理する農業技術とは、自然環境全体を把握し、技術の影響を意識したものになるだろう。その影響は外部経済まで及ぶから、技術を行使する基準や評価基準は複雑なものとなる。これらの課題はこれから検討されなければならない。

（7）西田幾多郎『善の研究』岩波文庫、一九五〇年（改訂版、一九七九年）。

（8）山内昶『経済人類学への招待』ちくま新書、一九九四年。

（9）圃場での試験研究では往々にして、研究員によって試験結果に対する見解が分かれる。それは、その人の経験を動員しなければ、科学的な知識だけでは考察できないからである。これは農学の未発達が原因ではなく、農業技術が自然を相手にした働きかけである以上、避けられないことであり、研究者が百姓に近い立場に立ちうるという有利性でもある。

(10) 不思議なことであるが、農学には「畦学」が存在しない。これほど重要な場所なのに、畦を見るまなざしが、カネにならないものを見つめるまなざしに似ているからである。

(11) 宮崎県椎葉《しいば》村で焼畑を営むある百姓は、焼畑に生える植物の名前と性質を四〇〇種以上も認識していると言う。

(12) ヨーロッパで、急斜面の草地を利用した牧畜や畑作がデ・カップリングによっていまだに続けられているのには、目を見張る。

(13) 〈資料〉(三〇四〜三二一ページ)では、こうした調査活動(調査技術)についても、環境支払いの対象として取り上げている。

(14) 自然も時代の精神に合わせて、つまり人間の自然への働きかけに応じて変化していく(遷移していく)ものだと決めつけるなら、つまり近代化を無条件に容認するなら、「望ましい自然」は定められなくなる。

(15) 落水すれば、稲水象虫の被害はなくなる。飛来が減り、産卵できなくなるからである。

(16) 田んぼでは、黄アゲハの幼虫がセリを食べている場面をよく目撃する。セリを「害草」だと見ると、黄アゲハは益虫ということになるが、一方で人参やパセリの葉を食べるのだから、害虫だとも言える。しかし、黄アゲハはよほどのことがないかぎり大発生しないので、ただの虫なのかもしれない。

(17) 黄アゲハを害虫とみなし、農薬による防除の対象にして農薬散布を指導している県もあることは、忘れてはならない。大発生しない黄アゲハは、害虫ではない場合がほとんどである。

第5章

環境農業政策の構想

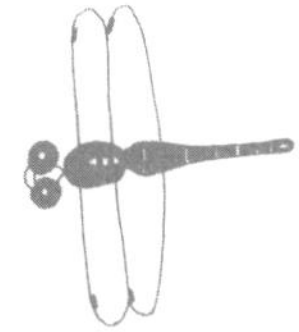

多くの百姓は、自然環境を過小に評価してしまう。それは仕方がないことではある。なぜなら、現在の農業政策や価値観の影響を知らず知らずに受けているからである。しかし、現在の社会のしくみや政治で評価されないものが、それゆえに危機に陥っていることにいったん気づいてしまうと、居ても立ってもいられなくなるのも百姓の心情である。危機を救うためには新しい価値観や政策への転換が不可欠である。その気運は徐々に満ちてきている。かつては荒唐無稽だと笑われていた技術が賞賛される日は近い。

この章では、自然環境つまり農業の「多面的機能」を増進するためにはなぜ政策的な支援が欠かせないかを検討する。それはとりもなおさず、どういう価値観が大切かを問うことにほかならない。

1　カネにならないものを大切にする政策

幻想の国民的合意

「農業の役割は、食料を国民に安定供給することにある」と、百姓も含めて多くの人間が信じつづけてきた。だが、それが本当に国民的合意であれば、こんなに輸入食料は増えなかったのではないだろうか。こうした幻想にしがみついている間に、日本人の価値観は確実に変化してきた。

それが「先進国」の資本主義の発達というものではないだろうか。

多くの国民は「カネさえあれば食料はどうにかなる」と確信しているようである。「いざというときには飢えるのではないか」という発言は多いが、それでは、この国の農業はいざというときにしか役立たないことになる。このような「食料安保論」に最後は逃げ込まなければ論理を支えられないぐらいに、「食料供給論義」は破綻しているのである。そして、カネになる「食料」だけにしか農の価値を見いだしていないから、どこから運んでも「安全で、安くて、おいしくて、安定して手に入るなら、かまわない」と考えるのは、当然の論理的な帰結になる。資本主義の発展（経済成長）を是とする国民がほとんどなのだから、これは当然であろう。

しかし、農の価値はその程度のものではなかったはずである。こうなった原因は、食べものがカネにならない自然や地域や文化と切り離されてしまったからである。そうしないと、農業の近代化はできなかった。だから、「食料供給」重視の政策の陰で、じつに多くの「農」の価値が死んでいかざるをえなかったのである。そのことに目を向けたい。牛飼い百姓を苦しめているBSE（狂牛病）は、食べものが地域の自然の循環からはずれてしまったから生じたのであって、牛肉そのものの安全性だけを確保しても、真の解決にはならない。ある牛丼専門店に「原料はアメリカ産だから安全です」と逆に宣伝されてしまったのである(1)。

さすがに農水省も、新しい食料・農業・農村基本法で地域や文化や自然環境が大切だと言い始めたが、まだ肝心の政策が試行段階である。

生産概念を拡大しないと環境政策は生まれない

新しい政策を考える手始めに、減反政策をとりあげてみよう。荒廃した「減反田」をなくすために、「稲の収量を意識的に落とす」ことも考えていい。しかし、そうすると百姓は、何か大切なものを失ったような気になる。技術のレベルが下がったような挫折感がある。当然だろう。「食料供給」のための増収が「使命」として浸透しているからである。

それでも、収量低下の見返りに、別の何かが新たに獲得されたという実感があればいい。だが、その見返りが食べものの「安全性」であるとすると、収量は減らさずに、同時に安全性も確保すればもっといいではないか、という欲が出るのは目に見えている。だから、無農薬栽培でも、収量の多さが自慢になる。赤トンボの数などは自慢にならなかった。

こうした思想の枠組みから抜け出て、もっと大きな政策の枠組みをつくりたいと考える百姓も生まれてきた。そのためには、収量を下げることによって、むしろ狭い生産(米粒)よりも、もっと広く、深く、長い生産(自然、文化、地域社会…)が豊かにもたらされることを、具体的に提示しなければならない。同時に、百姓だけでなく、多くの人びとがそれを実感しなければならないだろう。

稲作をもっと豊かに総合的に考えて、意識的に「減収」させる技術が提示されていいだろう。そして、その結果として何が新しい生産物として獲得されるのかを明らかにすれば、新しい政策の姿が浮かび上がる。

デ・カップリングの真の意味

デ・カップリングの原意は、生産振興・価格支持と所得確保を切り離し、生産量を減らしても、農産物価格が下落しても、所得だけは維持するための支援策である。言うまでもなく、日本に限らず先進資本主義国は第二次世界大戦後、開田(畑)、増収技術、生産性向上、価格支持を政策の中心としてきた。つまり、生産が上がれば、価格が上がれば、所得も上がって「幸せ」になれるという構図である。この構図を誰も疑わなかった。生産と所得がカップリング(連結)されてきたのである。これをカップリング政策と呼ぶ。

しかし、米は生産調整しなくてはならなくなった。価格支持政策は、ＷＴＯ協定で撤廃を余儀なくされている。そして、農産物輸入の増大が続く。これでは百姓の所得は下がるばかりだ。農産物の売り上げや生産性向上のための助成金では所得が確保できないから、所得確保のために助成金を直接出すしかなくなったのである。従来のカップリングは成り立たなくなり、生産・価格と所得を切り離さなくてはならなくなったので、デ・カップリングと言うのである。所得を補うように直接支払われるので、「直接所得補償」「直接支払い」と訳されている。

問題は、百姓だけに所得補償をする根拠を国民がどう納得するかである。そこでヨーロッパでは、自然環境が持ち出されてきた。百姓が自然環境を守っているという論拠で支出される助成金が「環境デ・カップリング」と呼ばれている。私は、デ・カップリングなどと呼ばずに「大切なものだけれども、カネにならないために(生産に直接寄与しないために)軽視され、見捨てられようとするモノとコトに対して、国民みんなが評価し、支援する政策」要約すれば「カネにならないものを大切にする政策」と呼びたい。農水省的に言うなら「農業の公益的機能に対する公的支援政策」だろうか。

こういう考えに立って、地域の百姓といっしょに、新しい農業政策のあり方について研究してきた。けれども、私たちはどんなに悔しい思いをしたことだろう。「地域のホタルやメダカの調査をやりましょう」と提案しても、「それは農政の仕事ではない」と認められない時代が長かった。「メダカもトンボもホタルも、田んぼで生まれている農産物ですよ」と反論しても、「農政の目的は、国民のための食料生産の振興にある。仮にそれらの生きものが水田で生まれているにしても、趣味の世界を農政に持ち込むべきではない」と、農政の姿勢はかたくなだった。「私たちが自然と思い込んでいる生きものがほんとうは農業によって生まれているということを、なぜ農政は評価しないのですか」と問いつめても、農政の体質はなかなか変わらなかった。

田んぼを米粒の「生産工場」のようにしか見てこなかったから、ただ生産振興だけしか発想できなかったのである。その結果、日本の農業は本質を国民に理解してもらえなかった。だから、「安全で、安くて、おいしくて、安定して輸入できれば、食べものは輸入してもいいではないか」という意見に反論できずに、今日まできたのである。私たちの生きる場から、ホタルやトンボやメダカや蛙が減り始めても、農政は何の対策も立てることができなかった。「それは農政の仕事ではない」といまだに思っている人も少なくない。だが、さすがに百姓は危機感を感じて、どうにかせねばと考え始めている。

ドイツでは、デ・カップリングで所得の半分(約二〇〇万円)を得る百姓が多い。こういう話を聞くと、日本の百姓は不愉快になる。「自分で稼げないから、稼げなくされたから、国から面倒を見てもらっているような感じで、惨めな気分になるんだ」という声が多い。その結果、デ・カップリングは、まじめな百姓ほど評判が悪い。

しかし、それは稼ぐことができるもの(カネになるもの)だけが生産物だと認識している日本人の一面的な価値観にすぎない(それも、戦後肥大化してきた新しい価値観、近代化精神にすぎない)。カネにならないものを、百姓だけでなく国民が評価するようになった国では、百姓は胸を張ってデ・カップリングを手にできる。政策要求として、そのメニューも提案するようになる。[2]

自然環境は百姓仕事が支えているという国民の共通認識が育たない国では、新しい政策は育ちにくい。だから、政策まで直輸入される。たしかに、日本の農業団体はデ・カップリングを要求してきた。ところが、その思想を受け入れる土壌を何ら形成できていない。一杯のご飯に一匹の赤トンボや三五匹のオタマジャクシが付随している生産の豊かさを意識化して、国民のタカラモノとする文化を形成できなかった。

デ・カップリングとは文字どおり、狭い農業生産と所得を切り離すということである。カネになる生産にあまりにも依存してきた構造を突き崩し、新たにカネにならないものの豊かさと意識的につながる農業生産への転換だと考えたい。

2　風景を支える農

軽視されつづけてきた風景

そこに農があらねばならない理由、そこに百姓がいてもらわなければならないワケは、本当のところ何だろうか。特別な農業でなくてもいい。ありふれた農業が、ありふれた生きものが、ありふれた風景が、そこにありつづけなければみんなが困るという論拠を提示できないだろうか。こうしている間にも、ありふれた百姓、ありふれた風景、ありふれた生きもの、ありふれた関係が滅んでいっている。

「日本では、有機米が手に入らなかったから、カリフォルニア米の弁当を輸入したのです」というJR東日本の弁明は、「国産の米の消費が減る」から、日本の米の自給率が下がるから、問題なのではない。食べものの価値(カネになる価値)だけでしか農業を評価しない思想をさらに加速させるから、問題なのである。

この五〇年間の農業の近代化技術には、風景を美しくする技術はひとつもなかった。にもかかわらず、まだまだ農村の風景が美しいのは、近代化される前の百姓仕事(とくに土台技術)が風景を支えているからである。ここで風景をとりあげるのは、生きもの以上に軽視されつづけ、タダどりされつづけ、荒れつづけているからである。風景を守らねばならない観光産業までもが、百姓仕事がもたらす風景という〝めぐみ〟に対して「無知」だからである。

なぜ、人間は風景を愛でるのか。なぜ、棚田の風景は美しいのか。なぜ、ホタルの水路は心を揺すぶるのか。なぜ、畦の花に感動するのか。なぜ、百姓は仕事休みのひととき、風景を眺めるのか。気持ちがいいからに決まっている。では、なぜ気持ちがいいのだろうか。そこには自分の心(タマシイ)と自然の生きもののタマシイの交流があり、自分の生(タマシイ)が活性化されるという実感があるからだ。そういう世界が現代日本人にも残っている。いや、人間はそういう精神世界を基盤にしないと生きていけない。

「それは、もはや農業政策の対象ではない」と言うのなら、農政は自然や社会の土台である「農」の全容の表現・評価・守護を放棄した狭い政策だ、と自ら認めることになる。新しい政策をうち立てるために、百姓こそ新しい時代を切り開く思想家にならなければならない。畦をコンクリートにしないですむ世の中をつくる政治を求める人間であらねばならない。

『山の郵便配達』という中国映画を見た。近代化批判の傑作だという。全編に、陽の光を浴びてキラキラ輝く赤トンボ(薄羽黄トンボ)が舞う画面が散りばめられている。もし、赤トンボが映らなかったら、映画の農村風景はずいぶんさびしいものだっただろう。生きものも風景の一部なんだと納得した。たとえば百姓がいない田んぼと、いる田んぼでは、風景の印象はまるで違うだろう。それは、彼岸花の咲く田んぼと何も咲かない田んぼの違いに通じている。さらに、手入れの行き届いた棚田を美しいと感じ、そうでない棚田を見苦しいと感じる感性と、同型なのである。

自然はタダでは守れない

二〇〇一年と〇六年に、九州大学の横川洋教授らと一〇日ほど南ドイツの政策の調査に出かけた。自然(風景)を守るためにはどのような政策に転換したらいいか探るためである。日本人は、自然や風景はタダだと思っている。ドイツではどうなのか、実際に調査するためである。

日本では、田んぼが埋め立てられてショッピングセンターが建つ。そのために赤トンボが消え、蛙の声が聞こえなくなり、涼しい風が吹かなくなっても、誰も罪悪感を抱かない。平気で生きものや風景をタダで売り渡す。決して、自然環境に価値を認めていないわけではないのに。

南ドイツの風景がなぜ美しいのか、その理由はすぐにわかった。荒れた土地がないのである。隅々まで人間の手が入っている。その手入れ(百姓仕事)を評価する政策と、国民の支持が国土にしみ渡っていると、実感した。自然保護地域であっても、年に一回は草刈りをしないといけないという政策もある。ヨーロッパではかつて、自然は人間のためにあるという精神が幅をきかせ、森林を切り開いた農業によって自然は破壊された。その反省が活かされている。自然は人間が保護するしかない、と考えるようになっているのである(3)。

そして私は、大きな誤解をしていた。彼らはほったらかしの自然を守ることが自然保護だと思っているのではないかと勘違いしていたのだ(なぜなら、休耕畑では草を生やすことが奨励されていると聞いていたから)。ところが、ドイツでもほとんどが身近な自然、つまり農村の自然で、畑や果樹園や草地も大切な自然の一部だと認識されていた。

だから、自然のほとんどを占める農業のやり方によって、自然は壊れもするし輝きもすることが了解されていた。草を刈りすぎてもダメだし、刈らないのもダメだという。このあたりの美意識は日本の百姓と大差ないが、それを自然を守る技だと意識しているかしていないかが決定的に違う。こうなると、自然環境に配慮した農法への転換も進むわけである。(4)

ところが日本では、自然(風景)が農業によって支えられていることはほとんど知られていない。百姓も主張しない。赤トンボの九九%以上が田んぼで生まれていることは知られていないし、それにどんな意味があるのかも忘れ去られてしまった。

日本語の「自然」という言葉に、もともと自然環境という概念がなかったことは前述した。「自然」を外から眺めることがなく、自然の構造を問いつめる習慣がなかったからである。農水省は、田んぼの「多面的機能」つまり自然環境へ果たす役割を苦心して七兆円と発表しているが(ちなみに農業生産額は約九兆円)(5)、その金額が百姓に支払われるわけではない。「タダですが、これくらいの価値があるのですよ」という表現にとどまっていて、タダだという価値観を転換していこうという志向は希薄である。

それに、いつも不思議に思うのだが、多面的機能の外部経済効果の試算は国レベルで行われ、地域で単位面積あたりで表現されているのを見たことがない。表5—1に福岡県前原市と浮羽町

(現うきは市)で行った計算を一〇aあたりで掲げる。[6] こうすると、百姓にもイメージが湧いてくる。「そんなにあるのか」「そんなものじゃないだろう」という具合にである。ここからの議論が大切なのに、国レベルの計算では議論の端緒にすらならない。参考までに米の販売額も示しているが、カネにならない価値のほうがカネで測ってもはるかに高いということは象徴的だ。

表5―1　前原市(1996年)と浮羽町(2002年)の水田の多面的機能の評価計算

(円)

項　　目	前原市	浮羽町
洪水を防ぐ	87,300	104,000
水資源を涵養する	28,100	61,400
土壌の浸食を防ぐ	1,770	7,000
土砂の崩壊を防ぐ	上に含む	700
有機性廃棄物を処理する	170	158
大気を浄化する	6,200	196
気候を緩和する	105	4,800
保健保養・やすらぎ	66,000	349,800
水を浄化する	8,700	8,700
生きものを育てる	66,000	66,000
合　　計	264,345	602,754
米販売額	150,000	127,500

(注1) 計算式は、1996年は農業総合研究所、2002年は農林水産政策研究所の式に、宇根が一部追加した。
(注2) 浮羽町は棚田が有名で訪れる人が多いので、保健保養機能が高めに出ている。
(資料) 宇根豊作成。

ほんとうに、自然の生きものや風景はタダのままでいいのだろうか。日本では、自然環境はタダであるほうが都合がよかったからにすぎないのではないだろうか。ドイツの風景が美しいのは、自然がタダでは守れないことを国民が自覚しているからであった。[7]

3　百姓仕事が自然をつくる

カネにならない自然を守る

九州の人間なら、阿蘇の草原を思い浮かべるといいだろう。私も中学校の修学旅行で、やまなみハイウェイを通ったことがある。日本にもこんな大自然があったのかと感動したことを、いまでも忘れない。ところが、あの草原がどんどん荒れていっている。牛肉の輸入自由化によって、放牧と採草が衰退していっているからである。阿蘇の草原は、決してありのままの自然ではなく、牛を放牧し、餌の草を刈り、草を焼いてきた百姓仕事の結果、生まれた自然だったのである(8)。

一方ドイツでは、山の急斜面にもきれいな草地が広がっている。その風景がドイツ人は好きなのだそうだ。日本では、そういうところで放牧する畜産は経済効率が悪いので、とっくにつぶれている。しかし、経済性だけで評価すると、市場価値がない風景も自然の生きものも無視されてしまう。そういう百姓仕事だけになったら、どんどん自然は壊れていく。だから、カネにならない自然を守るためには、カネにならないものをも生産している百姓仕事を守らなければならない。そう気づいたドイツ国民に頭が下がった。輸入牛を使用した激安の牛丼に感激しているようでは、自己満足と引き替えに、この国の草原は失われていく。

日本ではまだまだ「外国に比べてコストが高く、国際競争力が足りない」と考える農業政策が主流である。二〇〇一年の冬、東北の農村を回って雁と白鳥を見た。私は不覚にも、雁や白鳥が昼間は田んぼに出かけて、落ち穂やひこばえや田の草を食べていることを知らなかった。ある百姓は、冬の田んぼにわざわざ水を溜めて、白鳥が餌を食べやすいようにしている。「白鳥や雁は、田んぼがあるから、日本で越冬できるんだ」という言葉に、深くうなずくしかなかった。(9)トキやコウノトリも、田んぼのドジョウやタニシや蛙などの餌が激減し、汚染されたから、絶滅に追いやられたのだ。(10)それでも、こうした天然記念物なら、まだ価値が見える。でも、身近な赤トンボやアゲハ蝶や彼岸花や涼しい風に本気で価値を見いだす日本人は減ってしまった。

農と自然の研究所は日本ではじめて田んぼの生きものの調査と評価をするために、〇一年から全国調査を行っている。こうした調査が百姓や市民のボランティアで行えるようになったことを喜びたい。日本では、こういう仕事は一銭にもならない（たとえば田んぼの代表的な生きもの五〇種をリストアップし、そのうち一〇種以上がいれば一〇aあたり五万円の助成金が出るというような政策メニューを想像してみると、いいだろう）。(11)しかし、こうした政策転換の準備が必要だと信じる。田んぼの生きものを調べるのも、立派な百姓仕事である。国民がそれを求め、百姓がそれに応える姿勢を根付かせねばならない。

食べものには自然がくっついている

ここに五〇〇kgの米と五〇〇〇匹の赤トンボがいる。どちらも一〇aの田んぼで育ったものである。ところが、米は生産物として評価されてカネになるが、赤トンボは生産物ではないと考えられている。なぜなら、百姓は赤トンボを意識的に育てているワケではないからだ。風景などの環境がタダのまま放置されているワケが、じつはここにある。意識して目的としたものだけが「生産物」というのが近代化された価値観であることは、すでに述べた。工業の論理だと言い換えてもいい。

では、なぜドイツでは、自然環境を支える百姓仕事に税金で助成をするまでになったのだろうか。一人のリンゴ農家から聞いた話に、私は感心した。彼らは自分のつくったリンゴをリンゴジュースにして、地元ブランドとして販売していた。売れ行きはすこぶる良好なのだが、その原因がふるっている。地元や周辺の町の人たちが、「このジュースを飲むことが、あの村のリンゴ園の風景を守ることになる」と自覚しているからだと言うのだ。もちろん、リンゴ園は無農薬で、除草剤も使わず、樹と樹の間隔も広い伝統栽培だった。

ここでは、農産物（食べもの）と自然（風景）がみごとに結びついている。リンゴジュースを購入するだけでは支えきれないと思うから、リンゴの無農薬栽培や伝統的な植栽法への政策助成（デ・カップリング）も準備され、みんなが支持するようになる。外国からの食料輸入によって農産物の価格が下がる補償措置としての直接支払い（デ・カップリング）ではない。本来の価値が農産物の価格では維持できないから直接支払いするのだ。そこに意味がある。

日本でも、百姓や消費者がもっと農産物と自然の関係を意識すべきだ。ところが、田畑でどういうカネにならないもの(めぐみ)が生まれているか、ほとんど知られていない。「茶碗一杯のご飯ができる田んぼでは、何匹の赤トンボが生まれているでしょう」という質問は、日本ではまだ成り立たない。たしかに、赤トンボや蛙を育てようと思って稲作をしている百姓はいないが、結果的にさまざまな生きものや風景を生み出してしまう。人間の意識を超えたところで、人間は自然に働きかけている。これこそが百姓仕事の本質で、食べものを自給しなくてはならないほんとうの理由がここにある。百姓仕事が他産業と比較できない(比較にならない)理由がここにある。

ビオトープというドイツ語がある。日本語に直すと「生きものが、生きものらしく、生きられる場所」で、[12] 日本でも学校ビオトープづくりが盛んになっている。ドイツの農地や村の整備事業は、単に生産物の生産効率を上げるのではなく、農村全体がビオトープであるべきだという思想ですすめられていた。草地や畑の境界に植林し、生きものが行き来できるようにし、三面コンクリート張りの水路は姿を消していた。日本では、周囲が田んぼに囲まれている小学校でも、校庭にビオトープと称して池と小川を造成している。田んぼはビオトープと見られていない。これでいいはずがない。

4　デ・カップリングへの違和感と期待

百姓たちの実感

中山間地は生産性が低いから、条件不利地域だから、生産性を補うために公的支援を行おうというのは、単なる生産振興・生産性追求至上主義の延長にすぎない。カネにならないけれども、農業が生み出してきた〝めぐみ〟は、単に百姓だけのものではなく、広く住民・国民のものでもあるということを、百姓も消費者もともに「認知」していく政策でなければならない。そうでなければ、〝めぐみ〟は守れない。

それを農業の「多面的機能・公益的機能」と位置づけるのはいい。だが、その維持が困難に直面していて、それを維持するためにどういう政策が必要かを明らかにせねばならないこと、さらにその政策は、〝めぐみ〟を実感し、その維持が簡単ではないことも実感している百姓自身が発想したほうがいいことが理解されていない。環境稲作研究会のメンバーの意見を紹介しよう。

「最近は農村でも、人間や犬の散歩が多くなった。その人たちは田畑の風景も楽しんでいるだろうと思って、畑にも草を生やさないようにしているし、畑のまわりや畦にも除草剤をかけないようにしている。緑の中で、除草剤によって茶色に立ち枯れになっているのを見るたびに、気分が悪くなる。散歩する人もきっと同じ気持ちだろう。私も年を重ねたら、身体がきつくなって、人のことをかまう余裕もなくなり、茶色の草を人の眼にさらしても、なんともないようになるかもしれない。いい草刈り機械ができたときには、国の助成があればいいなと思う」

「私たちは安全な米を生産するためだけに、カブトエビやジャンボタニシや浮草を使った農法を研究しているのではありません。田んぼや水路にもっと昔のような生きものが戻ってくるように、農薬などで下流の水まで汚染しないようにと、考えているからです。でも、こうした私たち百姓の研究にはまったく助成はありません。新しい農業技術の研究は、農業試験場だけがするものではないでしょう。むしろ研究会会員が試みている農法は、民間から生まれてきたものばかりです」

「田んぼの横の水路が河川工事によって、ほんとうに魚やホタルが住めないような川になってしまいました。せめて魚道をつけたり、河原で子どもたちが遊べるような整備をしたいのですが、二級河川で県は地元が勝手に川に手をつけることを許しません。それでも自主的に川土手の草刈りはしていますが、当然助成はでません。部落では、自費でも魚道をつくり、河原を整備しようとする意見が多いのですが…」(13)

環境を維持する仕事への評価

多くの百姓は、環境をカネで評価することに、環境を守るために助成金をもらうことに、違和感と嫌悪感を抱いている。なぜなら、自然環境を大切にするのは自分や家族のためだからである。

だから、対価を求めようとはしない。これは、カネですべての価値を測ろうとする資本主義社会では、異彩を放っている。この国でデ・カップリングの議論が低調な理由もここにある。ところが、ここに重大な問題点が隠されていることに気づかねばならない。

百姓は、都会人が来て無断で畦のツクシを摘むのを、寛大な気持ちで眺めている。しかし、田んぼに入ってセリを摘み始めると、少し穏やかでなくなる。さらに、自分の山でタケノコを掘られると、怒りがこみ上げてくる。ツクシもセリもタケノコも自生している。でも、都会人からタダだと言われると、「タダじゃないぞ」と言いたくなる。現代の百姓もじつは、ツクシやセリに代表される自然環境をタダだと思う感覚と、タダではないと感じる近代化精神の間で、揺れている。

自然環境をタダだと思う価値観は、近代化される前の日本人の良質な部分だろう。ところが、それを逆手にとって環境をタダで消費してきた。タダだと思いつづけていたのでは、そういうしくみに反論できない。農業の側から環境問題をリードしていく論理が出てこないのも当然である。タダであることのすばらしさを一番知っている百姓が、タダではないと主張しなくてはならない悲しさを、国民が感じとれない。だから、この国は醜くなってきた。

だが、やっかいなことに百姓には、本来の生産物で評価されたい、生産物をカネにしてくらしていきたい、環境への助成金なんかで生活を支えたくない、という気持ちが強い。しかも、これこそ近代化された新しい価値観であることに気づかない。だから、環境はカネにしようとしないのに、生産物は平気でカネに換える。

まず、このことを掘り下げて考えてみよう。近代化されたといっても、まだまだ一九七〇年代までは、カネではない評価の基準も濃密だったし、カネの論理に対抗する価値観も健在だった。「いくら金を積まれても、田畑は手放せない」「ご飯一粒でも残したら、バチがあたる」というような規範が有効だった。カネにならない世界をまだまだ満喫できていた。それがカネにならないと見向きもされなくなっていったのは、カネへの幻想がふくらみすぎたからだろう。カネを生み出す効率において劣る百姓仕事の価値が落ちていったのは当然だった。

環境をカネにするとは(税金で支援、助成を行うとは)、環境を換金することではなく、その環境を維持し、形成していく「仕事」を評価することである。その評価の尺度として、カネを使うということである。しかし、従来の仕事の評価法は、生産されたモノ(農産物)に対して対価のカネを支払うことでしかなかった。同じ仕事が環境を生み出していることを百姓が実感するとき、その仕事にカネを支払うことは、支払ってもらうことは、そんなに異常ではないだろう。

そうはいっても、農産物への対価を支払うのは支払う人に直接の受益があるからだ。環境となると、直接の受益者を特定できない場合が多い。したがって、農産物に上乗せするわけにはいかない。産直の農産物の価格は安全性の評価にとどまっており、環境の価値を上乗せした例はめったに聞かない。

であれば、税金から支出するほうが合意を得られやすいだろう。つまり、カネにならない環境を経済のしくみに入れないまま(価格に上乗せしないまま)維持するためには、百姓の仕事をカネ(税金)で評価するしかない。そのための農業政策を要求し、立案し、実行しないのは、百姓と行政の怠慢だろう。では、百姓仕事に税金をつぎ込む合意は、どうしたらできるのだろうか。

カネで買えないものを残すための税金の使い方

「安全で、安くて、おいしくて、安定して供給できるなら、輸入の農産物でもいいじゃないか」という主張に、日本の百姓は有効に反論できない。「そんなことしたら、身のまわりの赤トンボも、蛙も、白鳥も、彼岸花も、涼しい風もなくなりますよ。それでもいいですか」と逆に問うだけのまなざしが、育たなかったからである。

ドイツの七月、麦秋の畑が続く中に、あちこちで麦に混じって、ひなげしの赤い花を見かけた。「ええっ、麦畑に雑草の花が」とつい思ってしまったが、麦の収量に影響がない範囲で、雑草(失礼かな)も残す農法に助成金が出ているのだ。減農薬・減化学肥料へはもちろん、堆肥の量や、麦播きの間隔、放牧の密度などによって、事細かなメニューが作成され、百姓は自主的に選択して申請する。こう書くと簡単なようだが、そうしたメニューをつくるためには、周到な基礎データが必要になる。また、百姓だけでなく、市民にも開かれた議論がなければ、国民合意にはなりえない。日本の行政にもっとも欠けているところである。

日本の百姓は「メダカやホタルやトンボじゃメシは食えない」と嘆く。たしかに、自然環境に配慮した農業をしたからといって、誰もほめてはくれない。手厚い助成が受けられるわけでもない。しかし、「もう一度、あのホタルの乱舞を孫に見せてやりたい。メダカの泳ぐ川を取り戻したい」と人一倍思っているのも百姓なのである。だから、メダカやホタルやトンボの価値を評価しようとしない「しくみ（政策）」を変えないまま、「自然環境を大切にしましょう」と言われると、反発したくなるのは当然であろう。

私たちの先祖は、カネで買えないものをたっぷり残してくれた。ドイツよりもはるかに豊かな自然を支える仕事を残してくれた。無意識に残してくれたのかもしれないが、その恩恵を享受し、さらに食いつぶしてきたのは、私たち現代人だ。全国で生まれる赤トンボは、農と自然の研究所の中間報告では、国民一人あたり約二〇〇匹になる。この数をあなたは、どう思うだろうか。

いまからでも遅くはない。自然環境がどういう百姓仕事によって支えられているかを明らかにして、それが永続できる税金の使い方を提案するしかない。ドイツを参考にしながら、日本的な、つまり自分がくらしている場からの、地域的な農業政策を提案するときがきたのである。

5　日本最初の生きものへの環境デ・カップリング

福岡県の「県民と育む農のめぐみモデル事業」

日本でも都道府県レベルで、環境デ・カップリング政策が実施されるようになった。二〇〇四年度から滋賀県が始めた、琵琶湖を中心とした自然を守る農業技術に対する支援策（環境こだわり農業直接支払制度）は、新しい息吹を全国の自治体に吹きかけた。何よりも国に先駆けて行われた意義が大きい。ついで、〇五年度からは福岡県でも環境支払いが始まった。私は福岡県のこの環境デ・カップリングの立案に深くかかわったので、ここで分析してみよう。

この政策は「県民と育む農のめぐみモデル事業」と命名されている。多面的機能ではなく〝めぐみ〟を採用しているところが、とても肝心である。それは、事業の主体性へのまなざしを重視しているからである。そして、この〝めぐみ〟を百姓だけのものでなく、県民といっしょに育んでいくための手段として、事業を位置づけた。

支払い要件は、①減農薬であること、②生きもの調査を行い、生きもの目録を作成すること、③農作業日誌をつけて、百姓仕事との関係を考察すること、である。この仕事に対して、一〇aあたり五〇〇〇円と調査圃場ごとに約一万三〇〇〇円が支払われる。毎年県内から募集・選考された一四地区約二〇〇人の百姓に支払われ、予算規模は四七〇〇万円である。百姓は七五種（〇六年からは参加した百姓の要望で一〇〇種に増やされた）の生きものを調べる。

私は当初、ドイツの例を参考に、田んぼの生きもの指標五〇種のうち二〇種以上見つかれば一万円、三〇種以上見つかれば二万円支払うというメニューを提案したが、実現できなかった。ドイツで同じような政策がうまくいったのは、対象が草花で百姓が見分けやすいうえに、上手にしぼりこまれていて、州民の支援があったからである。だが、福岡県の場合は三つの難題があった。

第一に、虫や動物は植物に比べて、見分けにくい。後述するが、農と自然の研究所が行っている畦草調査は、虫に比べて「やさしい」と答える百姓がほとんどだ。なぜなら「名前まで知らなくても、いつも足下に見ているし、草刈りのときに気にしている」からだと言う。虫見板で害虫や益虫を見慣れている百姓も、水の中のゲンゴロウやヤゴまではよく見ていない。だから、見分け方の研修から始めなくてはならなかった。

第二に、田んぼの生きもの指標は日本にはない。どうしぼりこむか、それをどう価値づけるかがむずかしい(この取り組みをとおしてはじめて提案できた)。

第三に、滋賀県の場合は、琵琶湖の保全が県民の合意になっているかもしれない。一方で福岡県の場合、田んぼが琵琶湖に匹敵するという合意は、この施策をとおして当事者の百姓が身のまわりの県民に伝えてこそ達成されるものである。

NPOの力を借りて実施

そこで、福岡県庁がとった手段こそが画期的であったと思われる。この難題を克服するために、NPOの力を借りたのである。私がこの政策にかかわることになったのも、NPO六人のうちの一人としてだ。私たちは県庁職員と対等の立場で、ワーキンググループという支援組織を結成した。ここで施策のしくみと実施方策を議論し、進行中は月一回の会議を開いた。この施策が成功したのは、ここにこそ理由がある。では、三つの難題にどう対処したかをまとめてみよう。

第一に、生きもの調査の手法については、機材は虫見板程度にとどめて、百姓の眼を最大の武器として活用した。農と自然の研究所の四年にわたる先行実施が役立ったのは言うまでもない。そして、実地研修会を各地区ごとに年三回開催した。ほとんどの百姓は、生まれてはじめて害虫以外の生きものを意識的に眺めたのである。従来の技術であれば、農業改良普及センターや農協や農業試験場や市町村担当部署に研修会の指導者はいるだろうが、生きもの調査技術についてはNPOが先行している。国には百姓にやってもらうという発想がないから、こういう先進的な施策を実施できない。百姓は指導する対象ではなく、研究する同志である。

第二に、生きもの調査の対象はワーキンググループで策定した。この策定がまずひとつの「生物指標」なのである。その結果、次の四つの指標を取り入れた。

①第一に、百姓のまなざしを従来の仕事と隔絶したものだと感じさせないように、害虫・益虫（ウンカやクモやアメンボなど）。

②農業技術とは直接関係ないと思われているが、つきあいが伝統的に深いものとして、赤トンボ・ホタル・タニシなど。

③絶滅させたくないという県民の気持ちを引き出しやすいので、メダカ・殿様蛙・イモリなど絶滅しそうな生きもの。

④目をこらし、気づき、どうつきあっていくかを考える訓練になると考えて、カブトエビ・ジャンボタニシ・逆巻き貝などの侵入種。

に参加した百姓の反応

	まったくそう思わない	あまりそう思わない	どちらとも言えない	ややそう思う	非常にそう思う	無効回答
家族との会話が増えましたか？	13 (7.7)	3 (1.8)	75 (44.4)	41 (24.3)	8 (4.7)	29 (17.2)
地域のなかで、生きものについて話をする機会が増えましたか？	6 (3.6)	7 (4.1)	56 (33.1)	62 (36.7)	31 (18.3)	7 (4.1)
むずかしかったですか？	7 (4.1)	12 (7.1)	44 (26.0)	48 (28.4)	34 (20.1)	24 (14.2)
数を数えるという調査方法は、効果的だと思いますか？	1 (0.6)	10 (5.9)	54 (32.0)	45 (26.6)	24 (14.2)	35 (20.7)
調査対象種が75種から100種に増えて、負担が増えましたか？	12 (7.1)	6 (3.6)	89 (52.7)	32 (18.9)	17 (10.1)	13 (7.7)
モデル地区としてこの事業に参加してよかったと思いますか？	0 (0.0)	0 (0.0)	39 (23.1)	37 (21.9)	86 (50.9)	7 (4.1)
先進的なモデル地区での取り組みに、やりがいを感じますか？	1 (0.6)	1 (0.6)	47 (27.8)	50 (29.6)	43 (25.4)	27 (16.0)
この事業をもっと広げるべきだと思いますか？	1 (0.6)	1 (0.6)	39 (23.1)	42 (24.9)	60 (35.5)	26 (15.4)
この取り組みを継続したいと思いますか？	3 (1.8)	0 (0.0)	46 (27.2)	43 (25.4)	65 (38.5)	12 (7.1)

（注）（　）内は%。
（資料）アンケートをもとに作成。

表5―2に掲げたアンケート調査でもはっきりしたが、「案ずるより産むが易し」で、さすがに生きものとつきあってみた百姓の経験は伊達ではない。一年後には、調査対象種を「増やしてくれ」という要望が出てきた。自分の田んぼにいっぱいいるのに、調査対象にしないのはおかしい、という疑問が出てきた

表5—2　田んぼの生きもの調査

	まったくそう思わない	あまりそう思わない	どちらとも言えない	ややそう思う	非常にそう思う	無効回答
楽しかったですか？	0 (0.0)	1 (0.6)	62 (36.7)	54 (32.0)	44 (26.0)	8 (4.7)
生きものや環境に関する関心や知識が高まりましたか？	0 (0.0)	0 (0.0)	29 (17.2)	60 (35.5)	71 (42.0)	9 (5.3)
来年は自分の田んぼや地域にもっと生きものが増えてほしいと思いますか？	4 (2.4)	1 (0.6)	17 (10.1)	37 (21.9)	86 (50.9)	24 (14.2)
減農薬などへの意欲が高まりましたか？	0 (0.0)	1 (0.6)	37 (21.9)	49 (29.0)	70 (41.4)	12 (7.1)
田回りが楽しくなりましたか？	1 (0.6)	2 (1.2)	65 (38.5)	48 (28.4)	25 (14.8)	28 (16.6)
田回りの回数が増えたり、一度の田回りの時間が長くなりましたか？	3 (1.8)	2 (1.2)	75 (44.4)	45 (26.6)	33 (19.5)	11 (6.5)
田回りの際に、意識して見るモノが変わりましたか？	1 (0.6)	5 (3.0)	26 (15.4)	57 (33.7)	46 (27.2)	34. (20.1)
稲作が楽しくなりましたか？	4 (2.4)	2 (1.2)	80 (47.3)	35 (20.7)	19 (11.2)	29 (17.2)
落水するときなどに、生きもののことが気になるようになりましたか？	7 (4.1)	5 (3.0)	51 (30.2)	48 (28.4)	48 (28.4)	10 (5.9)
大切な百姓仕事だと思いますか？	3 (1.8)	6 (3.6)	51 (30.2)	50 (29.6)	29 (17.2)	30 (17.8)

のである。これは、田んぼの自然世界全体をつかもうとする当然の意向なのだろう。

第三に、問題は県民がこうした環境支払いを支持するかどうかである。そこで支持を得るために、百姓だけでなく、広く県民の参加を募った「めぐみ調査隊」が別に公募され、同じような研修会を開き、調査に参加し

表５―３　百姓がはじめて見た生きものと新たに名前を覚えた生きものの種類

	0 種	1 種	2 種	3 種	4 種	5 種	6〜9 種	10 〜 14 種	15 〜 19 種	20 種以上
生まれてはじめて見たと思う生きものの種類	0 人	1 人	3 人	4 人	5 人	2 人	9 人	7 人	0 人	0 人
この 2 年間で名前を新たに覚えた種類	0 人	0 人	0 人	0 人	1 人	2 人	19 人	8 人	1 人	0 人

てもらった（応募者は、〇五年は四八人、〇六年は一二〇人）。

百姓の心情の変化と難題の解決の方向

生きもの調査を行って百姓の心情がどう変化したのかを表５―２にまとめた。生きものとつきあう時間が増えたことが苦になっていないどころか、楽しみになっていることがわかる。それが言葉になって表され、さらに調査への没頭を誘っている。そして、それと農業技術を関連づけて見ているところが、百姓らしい。

では、三つの難題、つまり調査手法、調査対象、県民の賛同はどう解決されたのだろうか。

表５―３は、〇七年一月に行った勉強会での挙手による回答である。生きものはずっとその田んぼでくらしていたから、生きものの眼に百姓は映っていたが、百姓の眼に生きものは映っていなかった。それが映るようになったのである。そして、そのことに百姓は感嘆している。生きものに感嘆しているように見えて、じつは自分のまなざしの変化に感動しているのかもしれない。

生きものが見分けにくいという課題は、百姓が田んぼに入る動機が提供

表5—4　百姓が「確実にわかる」生きものの種類

	実数	割合（%）
80以上	5	3.0
70～79	6	3.6
60～69	17	10.1
50～59	19	11.2
40～49	51	30.2
30～39	42	24.9
20～29	19	11.2
10～19	4	2.4
10未満	6	3.6
合　計	169	

（資料）アンケートをもとに作成。

されたことによって、簡単に解決された。これが、環境支払いと言われる政策のもっとも重要なねらいであり、実りとして期待されるものである。

表5—4を見ると、意外に百姓は生きものの名前を知らなかったことがわかる。「いまごろになって識別できるようになったのか、いままで何を見ていたんだ」という感想を抱く人もいるだろう。しかし、この回答結果にこそ、正直に書かれている証拠を私は見いだす。これが現代の百姓の実態なのである。決して批判すべきことではない。こういうまなざししか形成できなかった近代化技術の悲しみをこそ振り返って見つめたい。

自分の田んぼにいない虫なら、覚える必要もないかもしれない。しかし、同時に実施した一〇〇種の認識能力の判定では、いっぱいいる生きものなのに、しかも益虫なのに、たとえばクモ類の認識程度が低い（優形足長グモ一七％、八星鞘姫グモ五％）ことには、胸が痛む。これがこの国の近代的な農業技術と農業教育の結果であることをかみしめるしかあるまい。それでも、百姓は気になり始めたから、すでに述べたように調査対象を自ら増やしたのである。

一方、県民の理解と支持はどうなっただろうか。その手がかりは**表5—2**に示されている。生きもの（農のめぐみ）についての家族との会話、地域での会話が確実に増えているのである。ただし、めぐみ調査隊の応募者がまだ少ないことからもわかるように、琵琶湖にあたるものが福岡県では田んぼだという着想は、決して賛同されるまでには至っていない。

私は、この生きもの目録づくり（調査）が全国の全集落で行われることを夢想する。「国民合意」の必要性や困難さがよく語られるが、国から眺めて見える国民ではなく、身のまわりの家族や地域の住民こそが、カネにならない農のめぐみを伝えられる国民である。彼らに伝えるものがなければ、国民に伝えるものがあろうか。国民合意の出発点がここにある。

生きもの目録づくりの目的

表5―2では、「田んぼの生きもの調査は大切な百姓仕事だと思う」と答えた百姓が、四六・八％にも及んだ。これこそ私がもっとも熱望してやまないことだった。しかし、それは私の思いであって、百姓には百姓それぞれの思いがある。それを生きもの調査に参加した百姓に聞いてみたのが**表5―5**である。参考までに、〇七年一月に宮城県とその周辺の生きもの調査をしている百姓に「ＮＰＯ田んぼ」[14]とともにアンケートした結果も掲げる（福岡県では一つ、宮城県では二つ選んでもらった）。

①技術に戻る百姓の本性

両県の百姓とも「減農薬・有機農業の効果を確かめるため」がトップであることからわかるように、自分の技術の成果を生きものによって確かめたいという気持ちが強い。つまり、農業技術

表5—5　田んぼの生きもの調査の意義

	福岡県		宮城県	
	実数（人）	割合（%）	実数（人）	割合（%）
生きものの名前や生態を知るため	15	8.9	12	13.0
減農薬・有機農業の効果を確かめるため	50	29.6	19	20.7
農産物に付加価値をつけるため	4	2.4	15	16.3
地域のタカラモノさがし	5	3.0	—	
自分の楽しみや勉強のため	6	3.6	11	12.0
家族や地域の子どものため	1	0.6	7	7.6
未来のため	6	3.6	14	15.2
環境を守るため	43	25.4	—	
環境支払いの支援金をもらうため	7	4.1	2	2.2
農業に対する見方や農政を変えるため	11	6.5	12	13.0
その他	5	3.0	—	
無効回答	16	9.5	—	
小　計	169		92	

（注1）宮城県の回答者数は46人である。
（注2）—は、質問が設定されていない。

の延長ととらえているのである。従来は生産性（収量や所得）という近代化尺度でとらえてきたが、新たな確認法、表現方法を見つけようとしている。農薬の残留分析調査のような他から与えられたデータではなく、自分で確かめられる指標・表現を探しあてようとしているのである。この指標の最大の特徴は、残留農薬や米の成分などのように米の内部にあるのではなく、米の外部に広がっていくことである。

②外部へのまなざし

だからこそ、「環境を守るため」の指標にもなり、「地域のタカラモノ」だという認識も生まれてくるのである。そして、こういう試みが画期的であるからこそ、もっと生きものの名前を知りたい、もっとくわしく生きものを観察したいという欲求が出てくる。さらに、自分だけのものにできなくなり、「家族や地域の子どものため」や「未来のため」にもやるようになるのである。

③目的の深まりと広がり

大事なのは、これらの生きもの調査は従来の調査のようにあらかじめ決められた「目的」のためにだけ行われてはいない、ということだ。調査しながら目的も深まり、そして広がっていくのである。当初の目的だった「環境支払いの支援金をもらうため」という目的が薄くなって、「農業に対する見方や農政を変えるため」という目的も生まれている。

④生物認証の扉

注目すべきもうひとつの点は、「農産物に付加価値をつけるため」という回答があることだ。それは単に「無農薬・減農薬」を証明する手段としてだけでなく、生きもの自体を価値として表現し、伝えたいという気持ちも含まれている。ここに「生物認証」という新しいスタイルが生まれつつある。農と自然の研究所が〇二年に発表した「茶碗一杯にオタマジャクシ三五匹」の表現が、認証制度に育とうとしている。

⑤自分を見つめる契機

「自分の楽しみや勉強のため」という回答は、内部に閉じているような印象があるだろう。しかし、私はここにこそ生きもの調査の意義があると考える。生きものを見つめることの意味が、これほど明らかになったことはないだろう。百姓は生きものを利用しようとする前に、生きものと向き合い、見つめ合い、交流しているのである。あからさまに意識することはないかもしれないが、「タマシイの交流」と呼ぶしかないような時間を過ごしたのである。これは、農の、百姓仕事の本来の姿勢ではなかっただろうか。天地有情が人間にもたらす世界ではなかっただろうか。

⑥目的に応じた細かい指標への道

生きもの調査と第4章で提案した生きもの指標との関係はどうなっているのだろうか。生きもの指標をつくるためには、生きもの調査が不可欠である。また、生きもの調査をするから、生きもの指標が役立つのである。両者は一体のものである。そして、生きもの調査の目的はさまざまだから、それぞれの目的に応じた生きもの指標が作成されなければならない。技術の成果や田んぼの実態をつかみたいという目的が強いので、もっとも需要が多いものが、生きものの「多いか、少ないか」の目安なのである。

なぜなら、表5―5の各項目は、自分の田んぼの生きものがどういう状況にあるのか、つまり多いか少ないのか、昔の状態に戻っているのか、危機的な状態にあるのかを判断しなくては成り立たないからである。加えて、それぞれの目的に応じたよりきめ細かい指標が作成されなければならない。たとえば、「畦の手入れの指標」「田回りの指標」「減農薬の指標」「乾田・湿田の指標」「裏作の指標」などが出番を待っている。

天地有情の新しい農学のまなざし

誰も言わないが、私はこの福岡県の政策は、百姓の「労働時間」を増やす、しかも生産のためではなく生きもののための「労働時間」を増やす、いまだかつてない政策だと思っている。「生産性を落とす政策」と言い換えてもいいだろう。

ところが、多くのマスコミや農業関係者の反応は、税金の支出対象への関心でしかない。「生物多様性に対する新しいタイプの助成金だ」「地方自治体が国に先駆けて実施する予算だ」というのはまだしも、「また手を替えて農業に税金をつぎ込もうとしている」という反応もある。一方、役所は、「増えた労働時間分の労賃・掛かり増し経費を補う政策です」と語りたがる。カネになる世界で事業の根拠と効果を語ることに慣れすぎて、あるいは「費用対効果」というカネしか考えない事業評価のしくみに浸かっているので、カネにならない効果をPRするのに臆病なのである。

たしかに、現代の日本人に「農業の生産効率を悪化させることが自然を守ることになるのだ」と説明するのは、骨が折れるだろう。しかし、福岡県の環境支払いを受給した百姓はそれを説明できるようになってきたのではないか、と私は思う。生きものの力を借りるすべを身につけたからだ。「えっ、たった一〜二年で?」と思う人もいるだろう。だが、生きものに感応する百姓としての能力は、衰えながらも残っているのだ。

長い間、日本の農政は「生産性向上」の奴隷だった。魯迅ではないが、自分を奴隷だと思っている人は、奴隷ではない。奴隷ではないと思っている奴隷が、本当の奴隷である。この奴隷状態が、とくに戦後はひどかったが、それはむしろ国民の要望だった。「食料の確保」（農業）に多くのカネと時間を割くよりは、近代化された他産業にカネと時間をまわすのが、国益になり、私益の増大につながったからだ。それに農村と百姓が積極的に応じていくための政策が、近代化政策の本質だった。この政策に、そろそろ終止符を打つ方策が生まれたということである。

生きもの目録づくりは、これまで国や都道府県や市町村の施策にならなくても、心ある百姓によって実施されてきた。それが、福岡県の支援によって大きく広がった。参加者は、〇六年には全国で数千人に及んでいる。これが数万人になれば、国中が変わるだろう。

生きもの目録づくりは百姓の滅びていく情念にもう一度灯をともす仕事だと、私は信じている。こういう仕事に背を向ける農学なら、いらないと思う。

福岡県の先駆的な政策は、環境支払いの一項目にすぎない。しかし、環境支払いの究極の姿を示しているし、すべての環境支払いの土台に居座っている自然を「世界認識」する精神を提示して見せている。たかが「生きもの調査か」とつぶやく多くの人間も、近い将来このことに気づくだろう。

（1）もっとも、この牛丼屋も二〇〇五年のアメリカでのBSE発症で窮地に陥ったようであるが。

（2）横川洋「先進諸国の農業・農村環境政策」喜田良平・西尾道徳編著『農業と環境問題』農林統計協会、一九九九年。

(3)横川洋・佐藤剛史・宇根豊「任意参加の農業環境プログラムとしてのMEKAプログラム―ドイツ・バーデンヴュルテンベルク州の事例―」『二〇〇二年度日本農業経済学会論文集』二〇〇二年、三八七～三八九ページ。
(4)横川洋「先進諸国の農業環境政策―そのシステム、方向性、意義―」『農林経済』二〇〇〇年一月六日号、七～一一ページ、一月一三日号、二～六ページ。
(5)二〇〇一年の農業総生産額は八兆八五二一億円であった(農林水産省編『平成一四年度食料・農業・農村白書』農林統計協会、二〇〇三年)。
(6)前原市のデータは、環境稲作研究会編『自然は誰がつくる』(農業と自然環境・全国シンポジウム資料集、一九九六年)より。浮羽町のデータは追加。
(7)横川洋編著『景観概念の農業認識への統合とその応用に関する総合的研究』平成一三～一四年度文部科学省科学研究費基盤研究(基盤研究C2)研究成果報告書、二〇〇三年。
(8)合田素行編著『中山間地域等への直接支払いと環境保全』家の光協会、二〇〇一年。
(9)その後、彼らの取り組みは「ふゆみずたんぼ」と名づけられ、全国に広がってきている。
(10)但馬コウノトリ保存会『コウノトリ誕生』神戸新聞総合出版センター、一九八九年。
(11)横川洋・佐藤剛史・宇根豊『自然環境を支える百姓仕事を支える政策――ドイツの環境農業政策MEKAⅡ』農と自然の研究所、二〇〇二年。
(12)杉山恵一・進士五十八編『自然環境復元の技術』朝倉書店、一九九二年。
(13)宇根豊『「百姓仕事」が自然をつくる』築地書館、二〇〇一年、一〇二ページ。
(14)二〇〇六年に発足したNPO。東北地方を中心に、田んぼの生きもの調査や「ふゆみずたんぼ」を広めている。

第6章

自然環境をどう伝え、どう教えるか

——環境教育・食農教育・農業体験学習と百姓仕事の関係——

日本の子どもたちは地球環境の状況については科学的な見地から学ぶが、「人間にとって、自然とは何か」「なぜ人間は自然にひかれるのか」を教えられることはない。それは学校で「教育」するものではなく、生きていくなかで自然と体得することであった。しかし、とうとうそれも論理的に、つまり科学的に理屈で教えなくてはならなくなってきたようである。学校教育に頼らずに社会が身につけさせる力を失ったからにほかならない。

この結果、農業の価値を伝える際にも大きな転換を迫られる。なぜなら、これまで論じてきたように、自然とは百姓仕事が生み出すものという暗黙の了解が成立しなくなったからである。そうしたなかで、すぐに学校教育に依存するのではなく、自前で教え、伝えていく試みも生まれ、広がっている。むしろ、自然と百姓仕事の関係を教え、伝える意味が本格的に見えてきたのかもしれない。この章では、農の全容の表現が自然と人間の関係を伝えることを証明する。

1　農体験の読みちがえ

自然こそが教師

にわかに「食農教育」や「農業体験学習」が注目され、いたるところで「田んぼの学校」や「農業体験教室」が開かれている。多くの小学校でビオトープも造成されている。いいことである。

これらの多くは教育側からの要請に応える形で始まった。文部科学省のいう「生きる力」を子どもたちにつけさせるのが目的だとされている。総合的学習の一環だとも言われる。

一方、農業の側の反応はまったく違う。いまだに、子どもたちの農業体験教育は農業の本業ではない、と見られている。農協も普及センターも役所も、営農指導と同等に扱うところはまずない。教育側に比べて農業側の位置づけが遅れてしまったのが、その原因である。

「農業後継者を育てるため」などという的はずれな言い方だったり、「農業理解のため」という表面的な意義しか見ないから、本気にはならない。あるいは、「農業は大変なんだ」「食べものは苦労して生産されているんだ」ということを教えて農業や食べものの価値をわからせるというのも、論理が転倒している。近代化で生産性を向上させ、楽な、快適な生産をめざしてきたくせに、こんなときだけ「苦労」を持ち出すのはフェアではない。

このように、両者の思惑は必ずしもかみ合っていない。それにもかかわらず、体験学習が広がり、定着したのには、訳がある。それは、ほんとうの教師が、人間ではなく、自然だからだ。田畑や作物、生きものや風景が、子どもたちを教育してくれる。なぜなら、この自然こそ、百姓仕事がつくりあげてきたものだからである。人間に心地よいのは当然である。百姓の言葉よりももっと深いところを、子どもたちは体験でつかんで帰っていく。これを「農の教育力」と呼ぶことにする。

だが、教育には素人の百姓であっても、ほとんど間違うことなく農の力を教育に活用できる。「農作業体験をとおして子どもに生きる力をつけさせたい」「地産地消を学校給食をとおして理解させたい」というような発言を聞くたびに、首を傾げたくなる。農業の近代化を問い直すことなく、子どもにこの無様《ぶざま》な農業の現状をどう伝え、どう体験させようというのか。大きな悩みもまたかかえて、子どもたちの前に立たざるをえない。

この本の主題である「自然環境の技術化」という課題が農業の近代化を問うものでないなら、わざわざここで教育問題をとりあげて論じる必要はないだろう。自然環境の表現が農業の近代化によってもっとも衰えてきたからこそ、百姓は教育に対しても発言しなければならないのである。近代化を無条件に肯定する精神では、農を教えることも農を教育に活用することもできない。その理由をこの章で明らかにする。

カネや効率より大切なものを体験する場

現代の百姓には、大きな弱みがある。百姓の子どもが「学校の農業体験学習で、はじめて田植えや稲刈りを経験する」という現実の闇を、見て見ないふりをしている百姓が多い。「いまどき親の仕事を手伝うほうがおかしいよ」と、百姓は言い訳する。そして、こう反論するだろう。

「学校では、農業体験だけでなく、工場やスーパーマーケットや福祉施設でも労働体験しているじゃないか。子どもが父親や母親の職場に出向いて手伝うことがあるか。なぜ、農業だけが家庭で手伝わせないといけないのか」

たしかに、近代化された労働には子どもの出番はない。手伝わせると、むしろ効率が悪くなる場合が多い。「子どもをあてにするような農業ではダメだ」というのは正論である。つまり、農業体験教育は昔の農作業の「手伝い」とは相当に異なるのだ。それに気づいていない百姓も多い。

多くの体験カリキュラムが近代化される前の仕事を重視していることに、着目しなければならない。田植えも稲刈りも、ほとんどが「手植え」であり「手刈り」である。農作業を体験させるのなら、こんな「時代遅れ」の仕事を体験させるのはおかしい。例えて言えば、スーパーマーケットのレジ体験で算盤《そろばん》を使うようなものである。これは、決して現実の作業体験ではないことを雄弁に物語っている。百姓仕事の体験は、他の産業の労働体験とは本質的に異なる。

百姓仕事の体験は他の産業の労働体験と同じだと考えるのは、近代化された労働観であろう。文部科学省のいう「生きる力」とは、まさか「カネもうけの力」ではないだろう。逆に、カネにならないもの（みんなのもの、自然環境など）を生み出す心構えを身につけることかもしれない。人間が人間らしく生きていくための誇りが、カネだけではないことを知ることかもしれない。それは、自然に働きかける百姓仕事に濃厚に残っている。

近代的な工業生産は目的とする製品しか生産しないが、百姓仕事は目的としない赤トンボやメダカや涼しい風や彼岸花やキンポウゲまで生み出してしまう。こんなにカネにならない〝めぐみ〟を自然から引き出してくる仕事が、他にあるだろうか。ところが、日本人は農業を生産効率だけで、しかも目的とする「食料」だけで、評価するようになってしまった。その程度の仕事なら、子どもに手伝わせる必要はない。これは食農教育の深刻な闇である。

田んぼが埋め立てられ、マンションができる。水路にフタがされ、道路が拡幅される。舗装されて、道ばたの草花が消える。狭い田んぼが、広く、四角に整備されていく。こうした風景を見ながら育った子どもたちは、知らず知らずに教育されていく。毎日毎日、田んぼよりマンションのほうが大切だ、小川のメダカより道路のほうが価値がある、草花の美しさよりも便利さが重要だ、効率よく仕事ができる水田のほうがいいと、強力な洗脳にさらされているのである。(1) こういう価値観とまったく反対の「生きる力」を身につけさせようとするのだから、尋常ではない。

私たちは、カネや効率や便利さではない、モノを大切にする仕事を体験させる場を用意するしかないだろう。そうした体験が、やがておとなになって、カネになるものしか大切にしない労働や社会に対して「こんなはずではない」という異議を申し立てていく力になるのだと、私は思う。百姓が自分の子どもに、百姓仕事(近代化技術ではない)を手伝わせることに誇りを感じ、子どももそれを自慢したくなる。そんな社会を、百姓の親として私は準備したい。

2 仕事の本質を学ぶ

時の流れを意識する百姓仕事の体験

アダム・スミスは「職人の仕事は素人にはできないが、百姓仕事だけは初心者でもそこそこ成果があがる」と言っているのではないだろうか。[2] 工業製品は人間が造っているが、農産物は自然がつくるのを百姓は手助けするだけである。だから、素人でも子どもでも役に立つ。子どもたちは、自然から〝めぐみ〟を引き出す仕事を体験する。つまり、自然と向き合い、人間の力と自然の力が出会う場面を体験するのである。

わが家の田植えにやって来た都会の子どもが、「宇根さん、どうして、田んぼには、石ころがないの？」と尋ねた。「そんなことあたりまえじゃないか」と言いかけて、はっとした。石ころがなくなったのは、百姓が足にあたるたびに掘り出して、捨ててきたからである。それも、一〇年や二〇年でなくなったわけではない。そして、土を耕し、ワラや落ち葉や堆肥を入れてきた。そして、だんだん柔らかい、きめの細かい、ふかふかの、ぬるぬるした土になっていく。これが土の本質である。

こうして、仕事と時によって土が土らしくなると、稲の根が伸びやすくなり、肥料をやらなくても米はよくとれるようになる。土の中にはたぶん数百年の時が蓄積されている。子どもは、自然を長い時間をかけて手入れしてきた時間の蓄積を学ぶことができる。それを一瞬にして感じる人間の感性のすごさを自覚できる。農業体験の神髄がここにある。

こういう仕事の持続と時の流れを、どうして子どもたちに伝えてこなかったのだろうか。土はそれを、きめ細かいぬめりの感触で子どもたちに伝えようとしている。それを百姓はどうして応援しないのか。私たちは、時をさかのぼる豊かさを忘れている。なぜなら、過去よりも現在は進歩して豊かになった、昔に後戻りはできない、と信じ込まされているからである。

たとえば、棚田の風景は開田以来の〝めぐみ〟である。私たちがつくったものではない。メダカが水路にいるのも、開田以来の〝めぐみ〟だ。水路と産卵場所である田んぼとを往復できていたからである。だが、それを意識することはなかったから、メダカがいなくなったのは近年の圃場整備のせいだと気づいても、後悔の念は薄い。また、農地転用はこうした時の流れを断ち切らなければできない。田んぼを開いた先人の思いを感じていては、田をつぶすことは苦痛である。

それにしても、「先祖に申し訳ない」という価値観はどこにいったのだろうか。「ずいぶん下がってきたが、水田なら一〇a二〇〇万円が相場です」などという話が、平気でなされている。もちろん、そのなかにはメダカの価値も土の価値も含まれていない。

考えてみると、私たちが享受している自然の〝めぐみ〟のほとんどは、近代化以前から続く、意識されていない仕事によって生み出されている。この土台技術を土台にして、上部技術である近代化技術も成り立っているのである。そういう認識は、時を意識しないと生まれてこないだろう。これ以上、自然を壊さないためには、仕事のなかに持続している時を感じとり、近代化精神とは別の精神の存在を再評価するしかない。

子どもたちの体験は、身体で感じとるところがとても重要である。田んぼに素足で入ると、入った瞬間に「ぬるぬるした土の感触」が約束される。そのぬるぬる感は、百姓が耕し、有機物を鋤き込み、石を拾い、自然に働きかけてきた、命がいっぱい詰まった数百年にわたる土づくりの成果である。その成果が一瞬のうちに子どもたちに伝わる。これほど劇的な、効果的な体験が、ほかにあろうか。ところが、多くの百姓は田植えという「作業」の体験を重視しすぎる。これでは、他の産業の労働体験と同列に見られても仕方がないだろう。

子どもたちの危機と百姓仕事の危機

農業に効率を求め、快適さを求め、経済性を求める精神が、百姓から余裕を奪ってきた。たしかに、百姓仕事は近代化で効率を上げることに成功したように見える。しかし、自然は効率を上げることはできない。「やむをえず、畦に除草剤をかけてしまったよ」という百姓の悲しさは、土の道で花を摘めなくなった子どもたちの悲しみと同根ではないだろうか。自然の生きものが効率を上げられず、近代化に適応できずに滅んでいっているのと同じように、人間の子どもたちも効率よく生きることが苦痛になっている。ここに二つの危機が出会ったから、農業体験・食農教育の契機が盛り上がってきたのである。

子どもたちの危機(じつは人間の危機)と農業の危機(自然の危機)が同根だということを理解できない百姓や指導者が多いのは、どうしてだろうか。農業体験の目的を「農業理解の促進のため、子どもに生きる力をつけさせるため」と考えるのは、おとなのタテマエにすぎない。二つの危機が通底しているとすれば、この危機は同じものではないだろうか。そうであれば、同じもので救われることになる。ここに私は農の最後の光明を見る。危機の本質をつかむことが、農業体験教育の本質をつかむことになるのではないだろうか。

「産業教育」に別れを

農を他産業と同じように扱うようになったのは、近代以降である。とくに戦後になって、本格的に近代化の時代を迎える。戦後農政は「他産業並みの所得」の確保を農政の目標に定めたが、カネにならない農の価値はどんどん削ぎ落とされてきた。ところが、いまでも認定農業者の所得の目標をサラリーマン並みとしているぐらいだから、その後遺症は農のあらゆる分野に及んでいる。(3)

当然ながら小・中・高校・大学で、農業は産業の一つとして教えられている。食べものを生産するから大切な産業だと教えられてはいるが、食べものだって輸入が多い国のことだから、実感はできない。にもかかわらず、食農教育、環境教育が重視され、農業体験が注目されるようになったのは、どうしてだろうか。なぜ、工場体験ではなく、農業体験なのだろうか。

農がようやく本来の姿の全容を現し始め、それが近代化に溺れないですむ知恵の塊だと気づく人が増えてきたのである。それは「近代化」の時代が終わりに近づいたからだと思いたい。それを証明するために、「なぜ、田植え体験はほとんど手植えなのか」と考えてみよう。すでに時代遅れの烙印を押された前近代的な、効率が悪く、汚れる、きつい技術である手植えが、なぜカリキュラムに採用されるのだろうか。産業教育なら、田植機で植えさせるべきである。

結論から言うと、現代日本では、農業分野で産業教育など不要なのである。それよりもっと重要な教育を農業体験に求めている(断っておくが、現行の小学校の教科書も農業を産業と教え込もうとしている。その限界を先生たちもわかっているから、農業体験にひかれるのである)。ただし、戦後の産業教育を受けて育ってきた世代は、時代遅れの手植えに違和感を覚える。

ところがここで、自分のなかの大切なものの存在に気づくのではないだろうか。田植機ではなく手植えでなければ、大切なものが体験できず、伝わらないことが、違和感を覚えながらもわかるのである。あれほど産業教育を受けたにもかかわらず、私の身体には「産業＝カネ」よりも大切なものがしみこんでいるのだと考えれば、自分を納得させられる。これこそ子どもたちに伝えなければならない、と感じているのである。

ここでしばし、自分のなかの近代化の歴史と向きあわざるをえなくなる。こうした自分の近代化精神と前近代化精神との対話が必要なのである。多くの教育者や百姓はここを飛ばす。だから、封印された豊かな前近代の扉を本気で開こうとはしない。扉は開きかけているのに。

手植えと機械植えの違いは何だろうか。田植機では、身体で感じることができる世界は激減してしまう。仮に、子どもたちを田植機に乗せて運転させるだけの体験になったら、どうなるだろうか。子どもたちは、数百年を要した土づくりの成果である田んぼの土のぬるぬるした感触を味わうことなく、オタマジャクシやゲンゴロウと触れあうことなく、帰路につくだろう。こんな子どもは不幸である。自然に働きかける仕事の本質が学べないからだ。マニュアル化された労働だけが残る高度に近代化された社会にあって、かろうじて残っている人間らしい仕事の本質に触れるチャンスを逃してしまうからだ。

子どもたちは手植えで、自然に働きかける人間の原初の仕事を体験する。やがて、子どもたちは気づくだろう。近代化された労働には、それが決定的に欠けていることを。近代化される前の人間の仕事の体験が、現代社会においては大切なのである。そうしないと、近代化の本質を考える力が育たない。近代化の欠陥を克服していく知恵を発見できない。ここのところが、体験学習の核である。

私たちおとなは多くの豊かさを手に入れた反面、大きな難問を後の世代に残そうとしている。子どもたちにとっては、重い荷物である。だから、その荷物が必然的に背負わねばならないものではないことを、せめて教えておきたい。まだまだ多くの田んぼで、「わかっただろう。手植えは大変なんだよ。だから、いまでは田植機で植えているんだよ」と、おとなたちは近代化を正当化しているだろう。しかし、子どもはすでに、近代化される前の「つらく、大変な」仕事の意外に豊かな感触に触れている。私は、「禁断の果実」にも似たこの体験に期待したい。

蛇足ではあるが、誤解のないようにつけ加えておく。私は田植機を否定もしないし、軽んじてもいない。田植機によって失った世界がこういう教育の場で取り戻されていることに、喜びを感じているだけである。

私は少年のころ、父親が農業近代化に邁進しているのを、そばで手伝いながらずっと見てきた。厭で厭でたまらなかったが、楽しい仕事が単純労働に成り下がっていくのを、「カネのためには、豊かさを手に入れるためには仕方がない」とあきらめて見ていた。その近代化が行きつくところまで行ったのは幸いだった。私には、いまになってよくわかる。近代化されない仕事のすばらしさが。やっと、私は子どもたちに向き合える。

逆説としての近代化

もし農業が隆盛を極めていたら、農業体験の必要性がこんなに高まっただろうか。もし従来の教育で子どもたちが問題なく育っていたら、農業体験の出番がこれほど増えただろうか。

多くの人びとが疑うことのない近代という制度は、人間の精神を救えないのではないだろうか。近代が推し進めてきた価値観は、人間を傲慢にしてしまったのではないだろうか。私たちは「作物は収量が高いほうがいい」「農業所得は多いほうが幸せになる」「仕事は効率的で快適なほうがいい」と考えている。そして、「それはほんとうだろうか」と疑う姿勢をなくしたのではないだろうか。もっと大切なものがあることを想像できなくなったのではないだろうか。

そうした価値観は時代の精神だから、世の中全体に満ちており、一人ひとりの人間に、家族に、地域に、組織に浸透している。しかし、それによって多くのものを手に入れたけれど、多くのものを失ったと考えたとき、本質が見えてくるのではないだろうか。その失ったものが、子どものの「生きる力」と、農の「何か」ではなかっただろうか。それが「何か」が、自分でわからなくなってしまう。残念ながら、そういう危機に気づかない人が多い。それこそが、ほんとうの危機なのである。

もちろん、これはこの時代の危機でもある。この近代が宿命的にはらんだ難問に、明治以降の日本人は苦しんできた。いまだに「近代の超克」はできていないのである[4]。

そこで、百姓や農業関係者に問わなければならない。さらに農業の近代化を推し進めようとするのか、と。もしあなたが、もっと所得を、効率を、快適さを求めるべきだと考えるなら、逆に農業体験や環境教育の大切さに直面せざるをえないだろう。なぜなら、これらの動きは「近代化」の欠陥をカバーしようとする試みだからである。

たぶん、もっともっと近代化はすすむだろう。そして、近代化できないものたちはもっともっと壊れ、滅んでいくだろう。皮肉だが、その滅んでいくものの大切さは日増しに伝わりやすくなる。その悲しみを同時に胸に抱きしめて生きていかなければ、滅びていくものたちは浮かばれない。

3　生産の豊かさを自分のなかに取り戻すために

有機農業の役割と体験の目的

「体験学習や食農教育にとって有機農業が有効か」という問いをたててみよう。「有機農業は安全な食べものを生産できるから」という回答がすぐに返ってくるだろうが、そんなことはどうでもいいと私は考える。それは、近代化された後の農業状況を語っているにすぎない。

有機農業が「教育」で出番を迎えているのは、近代化された農業ではなく、前近代的な面が残っている農業だからである。あるいは、近代化を超えようとしている農業だからである。そこでは、人間と自然の関係が「仕事」という形でよく見える。人間の根源的な生きる力とは、自然に働きかけて、〝めぐみ〟を享受する仕事とくらしのなかにある。それは、有機農業の豊かさを、「生産」の面からではなく、伝承・教育・文化・精神世界の面から照らし出すことになるだろう。だから、くどいようだが、安全性や命よりもっと深い世界に触れさせることが重要である。

百姓仕事を体験させる目的を私なりに整理してみよう。

①自然に働きかけ、自然から〝めぐみ〟をいただく人間の仕事の原型だからである。
②人間と自然の関係の本質がわかるからである。
③仕事は決して苦役ではないことがわかるからである。
④仕事は決して効率追求が目的ではないことが、人間の思いどおりにはならないことが、わかるからである。
⑤工業労働は目的だけを追求するマニュアル化された労働だとわかるからである。
⑥生産とはカネになるものだけを追求することではないことがわかるからである。
⑦自然は科学だけではとらえられないこと、その前に感じることが大切だとわかるからである。

⑧現代社会の片隅に豊かな世界が厳然としてあることが伝わるからである。

土台技術の伝達の仕方

ここで、農業体験のなかでは、第2章で提案し、展開した土台技術のほうが上部技術より子どもたちに伝わることを指摘したい。土台技術のうち二つの代表的な視点を『「田んぼの学校」入学編』(文・宇根豊、絵・貝原浩、農山漁村文化協会、二〇〇〇年)から、具体的に紹介しよう。

①生きものに寄り添う土台技術(メダカになろう)

きみはなぜ、田んぼに誘われるようにして入って来るのだろうか。春の小川を群れて泳いでいたきみは、流れ落ちてくる濁った水に気づく。そして、思うんだね。

「おや、濁った水が流れている。しかも、この水は温かいぞ、ミジンコがいっぱい含まれているぞ。そうだ、この水をさかのぼって行って卵を産めば、子どもはよく育つだろう」

きみはそうやって、田んぼの排水口から田んぼに入ってくる。かつて田んぼと用水路の間は自由に、メダカやドジョウやフナやコイやナマズなどが行き来できたんだ。ところが、田んぼをできるだけ乾かして、冬に麦をつくるために、あるいは夏でも稲をつくらずに、野菜や大豆をつくるために、用水路と排水路を分けるようになったんだ。単純にこのような圃場整備を悪者にはできないけど、メダカたちにとっては、それがいけなかったんだね。メダカは排水路に滝のように流れ落ちる水をさかのぼることはできないから、田んぼで産卵できない。こうしてきみたちは減っていったんだ。では、どうしたらいいと思うかい。

※ここでは、メダカという生きものの立場から、田んぼの構造がどうなっているのか、どう変化してきたのか、それが生きものにどう影響を与えているのか、生きものの循環はどうなっているのか、を学ぶことができる。

②生きものの住処を安定させる土台技術（畦道を走ってみよう）

何のために、田んぼのまわりにぐるりと細い道をつけているのだろうか。この小さな道を「畦」と呼んでいるんだ。畦は必ず田んぼよりも高くなってるよね。畦は田んぼに水を溜める低く小さな細い堤防なんだ。田んぼで一番大切なところかもしれないね。

もしこの畦が崩れたら、どうなる？　田んぼの水は溜まらないだろう。そればかりか、崩れたところからどんどん水が流れ出して、土も流れ出し、さらに大きく崩れてしまうよね。だから、畦を崩さないように、お百姓は畦の上を歩いて見回るのさ。よく歩く畦は土が固くなって、歩きやすいんだ。

よく見てごらん。お百姓がよく通る畦の中心は、草もあまり伸びないだろう。それでも、やっぱり両側の草は伸びていく。さあ、畦を走ってみよう。どうだった？　草が足にまとわりついて、走りにくい畦があったかい。そうだとしたら、そろそろ草刈りの時期だね。畦草はときどき刈ってあげなくてはならないんだ。草刈りしないと、歩きにくいばかりではないんだよ。草を刈らないと、背丈の高い草の日陰になって、低い草は枯れてしまうだろう。草刈りするから、低い草も光が当たって生長できるんだよ。ところで、お百姓は何日おきに草刈りしてるのだろうか。

※ここでは、人間が通る道は草刈りという手入れをしなければ、人間と共生できないことを学ぶ。その草刈りという仕事は、人間のためだけでなく、自然の生きもののためにもなっているこ と、放置された自然はむしろ貧困になることを学ぶことができる。

子どもに伝えるために書かれた本だから土台技術という言葉は出てこないが、土台技術が満ちあふれていることに気づくだろう。まちがいなく、これからの子どもへの教育は、上部技術ではなく土台技術を伝えることに主眼を置くようになるだろう。

生産の意味を考え直す

私たちは、米は生産物で、赤トンボは生産物ではないと教えられてきた。この教育を改めたい。食べなくても、米の価値はわかる。カネに換算できるからだ。でも、赤トンボは体験しなければ、価値がわからない。体験すれば、カネにならない価値が実感できる。現代社会の欠陥は、自然の価値をカネで表現できないことである。大切であってもカネにならないものを軽んじてきた。

二つの田んぼがある。一方は五〇〇kgの米と五〇匹の赤トンボが生産されている。もう一方では四八〇kgの米と五〇〇〇匹の赤トンボが生産されている。どちらの生産が豊かだろうか？

答えは、簡単ではない。私も答えに窮する。ところが、現実はそうではない。躊躇なく、米の生産量が多いほうが生産力は高い、と答える。そういう教育が一貫して行われてきた。小学校から大学まで。農協や普及センターの指導や、さまざまな書物でも、同じである。

これに対抗していくには、カネにならないものの豊かさを身体で実感するしかない。しかも、単に感じるのではなく、仕事の成果として、人間が自然に働きかけて育てた〝めぐみ〟として感じとるのである。ところが、当のおとなたちが、赤トンボなどの自然を百姓仕事の生産物として認知していないから困る。これは、近代的な技術観で教育されてしまっているからである。これは体験教育にとってもとても大切なことなので、くわしく説明しよう。

近代的な技術論では、米は意識的に生産されているが、赤トンボは生産過程において意識されていないから生産物ではない、と解釈する。でも、近代化される前の百姓は、米は「とれる」「できる」と表現し、百姓の思いどおりにはならないことを思い知っていた。そういう感覚は、私たち戦後教育を受けた人間にも残っている。

百姓仕事のすべてを意識下におくことは不可能である。また、対象となる田んぼの中のすべてが科学的に解明できるとは思ってもいないし、解明する必要も感じない。だが、「科学的に解明すると、もっと生産が上がるよ」とささやきかけることによって、近代化は推進されてきた。一方で、「もうほどほどでいいよ」という気持ちも強くなっている。これが脱近代化の契機である。

百姓なら誰でも感じているが、人間が意識していないところで自然の生きものが生まれているのはあたりまえのことである。それは田んぼを手入れする百姓仕事があってのことだ、というのも当然である。ただ、あまりにもあたりまえすぎて、言葉に出したり自慢したりする習慣がなかったから、知られていないだけだ。それを科学的に解明するよりも、深く感じる余裕を取り戻し、表現するほうが先決だと私は思う。その動機が、子どもたちと向き合う農業体験で百姓の側に生まれる。こうして、百姓仕事が自然を「生産」しているしくみが、百姓や教師や子どもたちによって表現されていくだろう。

しかも、米と赤トンボは「兄弟」だと言うことが、田んぼで了解される。食べものには必ず自然がくっついていることが、実感できるのだ。食べものの価値が、栄養やカロリー、安全性や価格、味や品質という食べものの内部だけで表現されることに、子どもたちは慣れすぎている。「生産」の概念は、こんなにもやせ衰えてしまった。だから、百姓が「茶碗一杯のご飯を食べることによって、赤トンボ一匹、ミジンコ五〇〇〇匹、蛙三匹、彼岸花一本、ジシバリ二本、涼しい風三〇秒が守られるんです。このめぐみを届けたい」と声に出さなければならない。

パソコンの部品は、ほとんどが中国製だという。日本製だろうと外国製だろうと安くて性能がよければいい、と私たちは考えるようになっている。誰が、どこで、どのように、どんな思いで生産しているか、考えもしない。これが、近代化され、大量生産される工業製品の悲しさだ。

ところが、食べものだけは、まだその由来を尋ねなければ気がすまない。食べものが身のまわりの自然と結びついていると感じていた名残である。食べものが身のまわりでとれていたから生産が実感できていたし、由来のわからない食べものは食べる機会がなかった。したがって、身近でないところから来る食べものについてきびしく由来を問うのは、まともな伝統である。こうした文化が残っているうちに、もっと積極的に食べものと自然の関係を伝えておきたい。

近代化で失ったものを伝える教育

農業という営みの目的は、所得増大だったのだろうか。私が普及員だった一九九五年に平均年齢七二歳の百姓にアンケート調査をしたことがある。

「あなたの百姓としての人生で、いつごろが一番楽しかったですか。その楽しかったことは何だったのですか」

四〇人ほどの回答で圧倒的に多かったのは、「昭和三〇年代の前半が一番充実していた。そのわけは、家族全員で仕事ができたから」。いまもっとも失われているものこそ、人間の幸せの源泉ではなかったのか。

子どもたちの農業体験を指導しながら、年寄りの百姓は思い出すと言う。「こんなに大勢の人間が田んぼに入るのは三〇年ぶりだ」。子どもたちが田植えを手伝わなくなって、もう三〇年たったのである。子どもたちに農作業を手伝わせる必要がなくなることは進歩であると、当時は考えていた。それがいま、ふたたび小学生たちに田植えを、しかも手植えを体験させている。

「近代化とは何だったのだろうか、とふと考えるんだ」

その百姓は最後にこう言った。

「世の中、たしかによくなった。だけど、失ったものもいっぱいある」

そうなのである。何を得たのか、何を失ったのか、それを教える教育が成立していない。それを農業体験学習は伝えるのだ。これほど強烈な教育が他にあろうか。日々、近代化精神で洗脳されていく子どもたちに、「世の中そんなもんじゃないよ。カネにならないものだって、こんなに素敵じゃないか」とささやきかける「場」と「時間」が、まだ百姓仕事には残っている。

だから、農業は近代化に完全に負けることはない。こういう世界を天地有情の農学はもっと深く記述しなければならない。

（1）桑子敏雄はとくに風景の教育力を強調している。私たちはあまりにも風景の影響力を軽んじすぎている。桑子敏雄『環境の哲学』講談社学術文庫、一九九九年。

（2）筆者による解釈である。『諸国民の富』では、「農業では自然もまた人間とともに労働する。しかし、製造業では自然は何もせず、人間がすべて行う」とある。アダム・スミス著、大内兵衛・松川七郎訳『諸国民の富』岩波書店、一九五九年、三九六〜三九七ページ。

（3）認定農業者に限らず、多くの自治体では「農業計画」の所得目標を設定し、給与所得者の平均値以上に定めるのが通例となっている。ちなみに、福岡県では一〇〇〇万円である。

（4）いまではすっかり等閑視されているが、「近代化」がヨーロッパから輸入された精神文化だという事実は重要である。日本では夏目漱石が憂慮したように、内発的な近代化がいまだにできていない。夏目漱石「現代日本の開化」『反近代の思想』筑摩書房、一九六五年、五三〜七二ページ。

第7章 天地有情の農学を

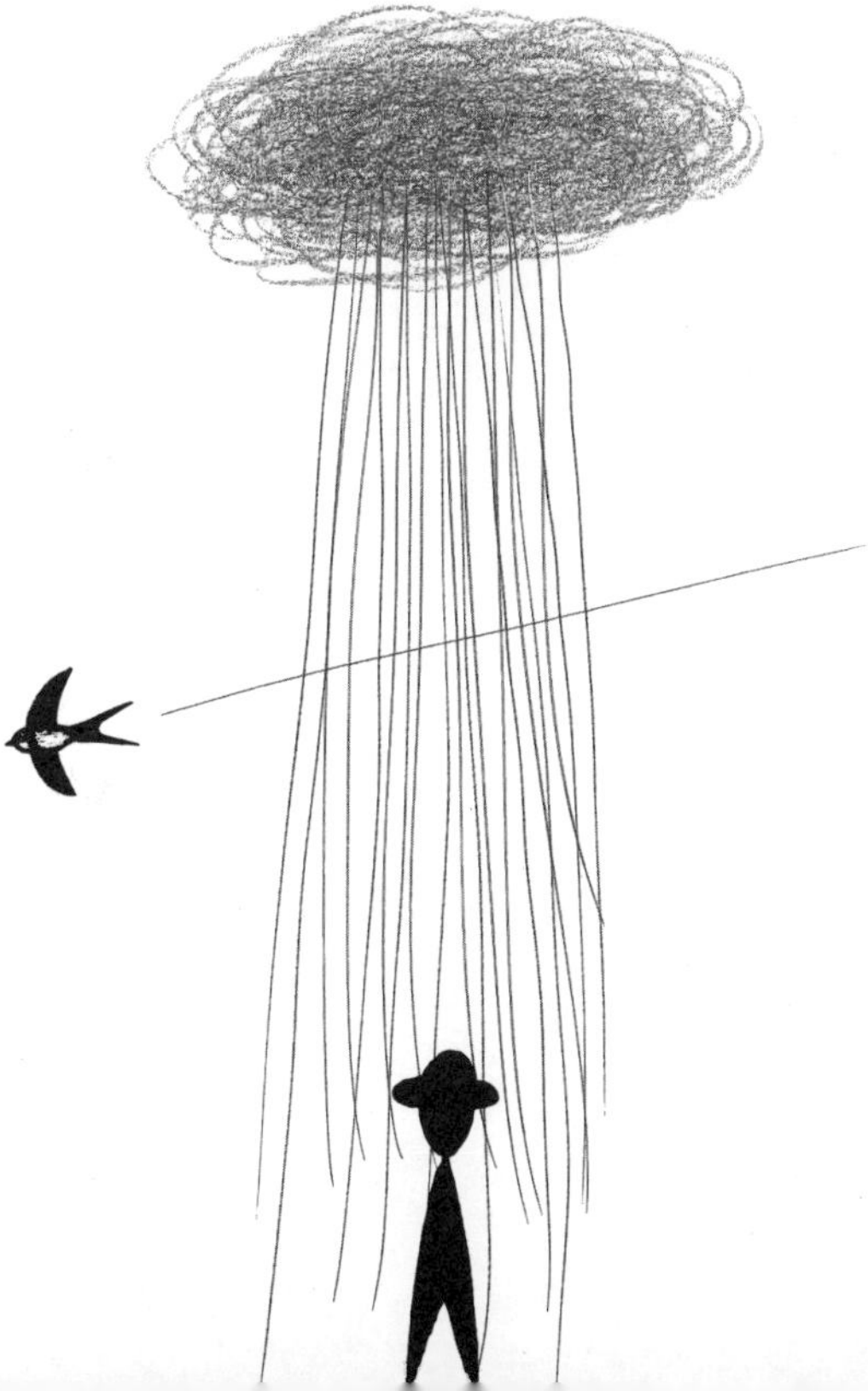

いままでの農学は、「天地有情」をとらえようとはしなかった。自然すらとらえることができなかった。あまりにも人間中心・経済至上主義の時代精神に忠実だったからである。だが、時代精神に背を向けて生きていくと、時代がよく見える。最後の章では、閉じられたままの本来の農学の扉の開き方を提示する。同時に、それでも農学には限界があることを示す。それは科学の限界でもあるのだから、卑下する必要はない。それを補うものを発見すればすむことである。

1　新しい学の要件

遠くを見つめる学

新しい学会はできるが、新しい学は簡単にはできない。

私はこの数年、日本有機農業学会と生き物文化誌学会の設立にかかわった。「有機農業学」も「生き物文化誌学」も、「新しい分野が生まれたので新しい学が生まれた」という程度の学ではない。従来の農学のままで、対象を有機農業に換えればいいだけの話ではいけない。これまでの農学が有効であったなら、一九七〇年代に従来の農学・農政とは無縁に有機農業が誕生するはずはなかったではないか。

そして、学は現状を追いかけるだけでいいはずはない。学は遠くを見つめる。遠くを見つめるためには、従来の学に何が欠けていたかを振り返る必要がある。私は、従来の農学には「時代を超えた百姓からの視点」がなかった、と考える。

いきなり難問をとりあげているが、ここが「天地有情」を考える場合の最大の関門だから仕方がない。新しい学の要件の第一は、こうした百姓からのまなざしをどう取り込むかであろう。これには「百姓と言ったって、さまざまなまなざしがあるだろう。もともと近代の学は、科学を武器にして客観性や普遍性を追求しているのだから、人間の経験や恣意的な見方や感性は排除しなくてはならない」という常套句の反論がある。しかし、科学を武器にしない「学」はほんとうに成立しないのだろうか。

もともと、客観性や普遍性を求める学は、現実をより正しく、豊かに、真理を見る手段として成立したのではなく、時代の産業化の要請によるものではなかったのか。(1) 科学の登場前と登場後では、「百姓の知」への見方はまったく変わってしまった。

たとえば「草取り」は、農学によって人間の利害でのみ語られるようになったとき「除草」になった。しかも、その利害は経済的なものばかりだ。労働時間がどれくらいだったか、労働の強度はどうだったか、収量増加にどれだけ寄与したか、費用はどれくらいかかったか、環境への影響はどうか、などである。仕事の充実感や達成感は評価には含まれない。まして、草取り後に「稲が喜んでいる」などという世界はみごとに切り捨てられて、その名残すらない。これでは、「手取り除草」は息の根を止められ、「除草剤」万能の近代化農業技術に席を譲るはずである。

しかし、有機農業でも、同じように無除草剤技術を見てはいないだろうか。そして「近代化農法に劣らない生産性」を目標においてはいないだろうか。「有機農業であっても、この近代化社会にあっては、生産性の追求は避けて通れないですよ」「同じ無農薬なら、収量が高いほうがいいに決まっている」と言うのは、たしかにいままでは農学の常識だったかもしれない。だが、こういう見方＝学では、大切なものを見落とし、捨ててきた近代化農法の視点の二の舞ではないだろうか。「生産性」とは、百姓の論理から生まれたのではなく、「国民国家」の論理だったのではないか。それが無意味だとは思わないが、他の見方もあるのではないか、と問うてみたい。

夕ぐれの日差しのなかで、キラキラと金色に輝いて舞う赤トンボの情景を新しい学はどうとらえたらいいのだろうか。

時間の価値を救い出す

畦の草刈りのときに蛙が前を横切る。そのたびに私は草刈りを躊躇して、立ち止まる。秋になると数mおきにこれが続く。躊躇して仕事が滞った時間を累計して、半日で一〇分になったとする。はたして、この一〇分は無駄な時間なのだろうか。

現代の農学では、こう答えるだろう。この一〇分は米の経済価値にとっては何の貢献もしない時間で、生産効率を落としている原因だ、と。また、生態学者に蛙という生きものを守っている時間だと弁護してほしいと懇願しても、「躊躇しなくても、一〇aあたり沼蛙をせいぜい二～三匹斬り殺すぐらいなら、蛙の密度に影響はありませんよ」と冷静な返事が返ってくるだろう(私の田んぼには、沼蛙は一〇aあたり約一二〇〇匹もいる)。

私が躊躇する行為は、経済学的にも生態学的にも意味がないことになる。近代化社会では、こうした行為を擁護して価値づける学は育たなかった。では、蛙に躊躇しないで畦草刈りをすると、私は何を失うだろうか。こう考える農学があってもいい。いや、なくてはならない。それが「天地有情の農学」である。この農学では、回答はこうなる。

「私の百姓としての生きものへの情感は薄れ、生きものに包まれて生きる情念は死ぬ。そうなると、稲のまわりに広がる天地有情の世界と稲の関係が見えなくなる。そして、この関係を語ることもなくなる」

今日的な整理をするなら、百姓仕事のなかには、米の価値を生み出す仕事だけでなく、人間の情念を育む仕事(土台技術)も含まれていたのである。ところが、米を生産する技術しか見えなくなった。人間の情愛を育む技術が追放されたのである。

田回りの最中に、涼しい風が吹いてくる。つい立ち止まって身を任せ、風を感じる。赤トンボがしきりに田んぼの上を飛んでいる。しばし、その羽の輝きに見とれる。このひとときは無駄な時間だろうか。このときに見つめた赤トンボは、無駄なものだろうか。こういう時間がなくなれば、こういう感性がなくなれば、田んぼでは大気が冷却される多面的機能と生物育成機能があるといっても、誰がその価値を認めるだろうか。こういう時間があるからこそ、風に包まれる心地よさと赤トンボが羽化する時節や産卵する時節が身体にすり込まれ、赤トンボを愛でる文化が生まれ、引き継がれてきたのではないか。

この時間の価値を救い出さなければ、農の一番大切な土台は、いよいよ近代化精神によって蹂躙されていくのではないか。国家の有用な学でありつづけた日本農学が天地有情の世界に向けて脱皮するためには、こうした身近な日々の百姓の情感や情念をすくいあげる方法論(学のあり方)を形成しなければならない。

荘子に学ぶ

『荘子』外編の「天地」編より、印象的な説話の前半部分を訳す(2)。

孔子の弟子の子貢《しこう》が、一人の百姓が畑で働いているのを見た。百姓は掘ってある井戸の水面まで降りて、甕《かめ》で水を汲み上げては畑に灌水している。汗水たらして労ばかりが多くて、効果は少ない。みかねて子貢は声をかけた。

「そんなことをしなくても、一日に百畦の畑に灌水できる機械がありますよ。骨を折らなくても仕事の効果がどんどん上がりますよ。どうですか、使ってみては」

百姓は顔を上げて、「それはどんなものかね」と尋ねた。

「木でつくってあって、前が軽く、後ろを重くしてあります。それで水を吸い上げ、沸きたぎる湯のような勢いで水が流れ出ます。その名をはねつるべと言います」

百姓は一瞬むっとした表情をしたが、やがて笑って言った。

「私は先生からこう教えられた。『機械があれば、それを利用したくなる。機械を利用すれば、機械に頼る心（機心）が生まれる。機械に頼る心が生まれれば、生まれながらの心を失う。生まれながらの心を失えば、雑念があとを絶たなくなる』と。私だってはねつるべを知らないわけではないが、堕落したくないから使わないまでのことだ」

子貢は百姓の言葉に恥じ入って、返す言葉もなかった。

鈴木大拙は百姓の言葉の部分をこう訳している[3]。

「それは、わしも知らぬわけではない。しかし機械というものを使うと、機心というものが出る。それは力を省いて、功を多くしようとする心持ちだ。わしはそれが嫌だ。結果を考えて仕事をやるということは、功利主義である。この考えが胸中に浮かぶと、心の純粋性が乱れる。これは道に反する。物に制せられるということは、わしの好まぬところだ」

もちろん、荘子の時代に「近代化」や「科学」があるはずはない。しかし、この説話を近代化批判の原理と受けとめた鈴木大拙にならい、私はこの話を現代の農業技術に引き取って、次のように解釈する。

作物を育てる場合に、一〇ℓの水を百姓が自分の手や如雨露《じょうろ》でやる場合と、スプリンクラーで灌水する場合では、作物のできは同じになるだろうか。科学的に分析するなら、違いはないだろう。しかし、如雨露でやる百姓と、スプリンクラーでやる百姓のまなざしは、ずいぶん異なる。

荘子の言い分を採用するなら、スプリンクラーで灌水する百姓の心には「機心」が生じているから、雑念のない心で作物に向き合えない。その心持ちが必ず作物のできに反映する。

他の例をあげれば、作物の害虫を手で潰す方法と、農薬散布による防除法は、安全性や生態系への影響に違いが出る前に、百姓のまなざしに影響が出る。遺伝子組み換え作物はいくら安全であっても、いや安全であればあるほど、百姓の自然に働きかけるまなざしと技を衰退させる。

水という手段を分析するだけの農学(科学)では、水やりという百姓仕事の内実がわからない。如雨露で水をやりながら、百姓は作物に深い情愛を注いでいる。そして、作物や作物といっしょに生きている生きものや風景を見つめ、その場の雰囲気や風や天候を感じている。

農薬を拒否するのは、害虫をどこまで許せるか確かめたいからでもある。遺伝子組み換え作物に頼らないのは、頼らなくてもすむ技術を生み出し、引き継いできた百姓の生き方を滅ぼしたくないからである。安全性を問う科学も大切だと思う。しかし、それ以外の農学が形成できなかったから、問題を安全性だけに集中させてしまった。安全性と経済性さえ確保できれば、どんな技術でも許されると考えている科学者や農学者が多すぎる。

この科学の外に広がる豊かな世界に、農学はとりつかなかった。農民運動も、こういう世界に立脚して理論構築できなかった。だから、科学的な狭い範囲に思想と運動が引きずり込まれ、議論が狭くなったのだ。その経験を超えなければならない。荘子にならえば、水を分析する前に、百姓の仕事と気持ちと伝統を分析すべきなのだ。

天地有情を感じる子どもたち

中学生に授業をすることがあった。九月の昼下がりで、窓から教室いっぱいに涼しい風が吹き込んでいる。そこで私は、生徒たちにこう尋ねてみた。

「窓から入ってくる涼しい風と、クーラーの涼しい風とでは、どちらが気持ちいいと思う?」

すると、八割以上の生徒たちが、「自然の風のほうが気持ちいい」と答えた。「それはどうしてか」と問うと、「気持ちいいものは気持ちいいに決まっている」と言う。私が「クーラーのほうが温度も湿度も低くても、そう思うのか」と重ねて尋ねても、答えは変わらなかった。

「どうして窓から入ってくる風のほうが気持ちいいのか」と問われれば、私たちおとなは「感性で違いがわかるからだ」と答えるだろう。それならば、風を科学的に分析して、自然と同じ香り、同じ緑の成分、同じような微妙な揺らぎをもたせた風をクーラーから吹き出させ、感性を全開にして目を閉じたら、自然と同じ風になるだろうか。決してなりはしない。まったく科学的には同じ風でも、自然の風は情感が豊かで、クーラーの風にはそれがない。

クーラーの風は、人間がコントロールできる。常に人間の主観が感じ、客観的に表現できる世界のものだ。主観と客観が分離された、近代的な、科学的な認識方法でとらえている。ところが、自然の風は、自分の力ではどうすることもできない。だから、身を任せてしまう。自分を忘れて、風のなかに包まれてしまう。つまり、風と一体になることができる。これが、私たちには、そして子どもたちにも、心地よい。風のとらえ方がまったく違うのである。

私たちはいつの間にか、自然現象を科学的に、客観的に分析するようになった。その傾向がすすめばすすむほど、私たちの自己は肥大化していく。人間によって分析できるという自負が強くなればなるほど、風をまるごと受けとめる姿勢は反対に衰えてきた。

私たちが科学的に考え、客観的にとらえようとするとき、つかむことができないものがあることに気づくべきだ。客観と主観を分けて考えることをやめて、身を任せて、まるごと感じてとらえる力を取り戻せば、生きものから立ちこめてくる情感の豊かさに身を浸すことができる。風と一体になって、風に包まれるとき、風が心地いいのか、自分がそう感じているのかなどと考えはしない。風から立ちこめる情感に、自分の風に対する情念が反応し、渾然一体となるのだ。

そこで、風を生きものに置き換えてみてほしい。稲でもいい。川の流れでもいい。空を流れる雲でもいい。「ああ、百姓していてよかった」という感動は、しばしば私たちを襲う。そうした感動の嵐のなかで、私は人間であるというより、生きものの一員になりきるときがある。私たち現代人とて、まだまだ近代化され尽くしてはいない。だからこそ、生きものとつきあう仕事の復権は、近代化に対する最後の砦なのである。私が、「生物多様性確保のための環境支払い」をひとつの有力な方便として積極的に評価するのは、こうした世界の保守に役立つからである。

一人ひとりの情念は異なる。私は真夏の涼しい風を感じるたびに、幼かった日に蓮田の横を通って父母を畑に呼びに行った情景をありありと思い出す。風のなかで、私もあなたも、思い思いの情感に包まれる。それは日本人が共通してもつ感性だ。その共通の部分が「涼しい」「気持ちよい」

という言葉で共有されている。一人ひとり異なるから、科学の対象とならなかっただけである。

花鳥風月によって時代を撃つ

多くの百姓は、百姓仕事の合間に、畦に腰掛け、花鳥風月(風景)を眺める。新聞や本を読もうという気にはなれない。風景を眺めるから、心も身体も休まる。西田幾多郎にならえば、日本人は風景を眺めるとき、風景のなかに包まれてしまう。そうした一体感は、風景が生きもので満たされているから味わえるのではないだろうか。自然が花鳥風月で満たされているから、自然に惹かれるのではないだろうか。まさに天地は有情である。

じっとトンボを見つめる、メダカの泳ぎを眺める、涼しい風に目を閉じる。そういうとき私たちは自分を忘れ、家族を忘れ、悩みを忘れ、過去を忘れ、つまり自我を忘れてしまう。そして、生きものの一員に帰ることができる。だから、身近な風景(自然)はとても大切だ。

しかし、生産性向上を掲げる農業の近代化は、圧倒的な国民の支持を追い風にして、農村の風景を壊しつづけてきた。風を感じて憩う木陰すら激減させた。木陰が近くにないので自動車のエアコンをいっぱいにかけて休む百姓に、その窓から見える風景はどのように迫ってくるのだろうか。そういうひとときの意味を、なぜ誰も考えなかったのだろうか。「景観法」や「景観条例」でしか守れない風景とは、いったい何だろうか。

「私は自然が大好きなんだけど、自然と言った途端に自分が自然の外側に立ってしまうのが情けなく感じる。自然と言わずに、花鳥風月とともに生きていた時代がうらやましい」

私の友人の、いまは亡き森清和[4]の言葉である。自然という言葉の成り立ちは第2章で説明したのでくり返さないが、自然を外側から冷静に客観的に眺めるから、科学は発展してきたし、農学もその路線に乗ってきた。科学で見えないものは対象から放逐され、農学も多くのものを手に負えないものとして見捨ててきた。そして、その時代の要求を人間にとっての有用性だと位置づけ、科学の中心対象にしてきた。現代では、人間にとって有用なものが自然であり、有用性を度外視したものが花鳥風月だと言ってもいいかもしれない。ほんとうはそんなことはないのに、そう見えてしまうのが哀しい。

自然破壊のほとんどは、近代的な人間の欲望の達成による。それに対する批判と対案が、人間中心主義の表れである「自然保護」という言葉遣いではなく、新たな「花鳥風月」論として出されている。現代の芸術論としての「花鳥風月」論は、近代的自我の確立という主題によって葬りさられたものを救い出す方法論として提出されている。花鳥風月によって、時代を撃つしかないのではないだろうか。風景は生きものを引き連れて、人間の近代化精神を撃たねばならない。それを支援する学があればいいと思う。現代の百姓が「つくる」と言うとき、その対象の作物は自然という精神でとらえられており、ときおり「できる」「とれる」「なる」と表現するときは花鳥風月の精神でとらえられている、と言ってもいいだろう。

花鳥風月とは、自然ではない。同じ対象をとらえていても、視点が違う。稲やウンカやメダカを科学でとらえれば自然の一部になり、身体で感じれば花鳥風月の一員となるのである。

2　農学の拡大は可能か

四つの領域

図7—1を見てほしい。日本農学は対象を作物と経済に限定して発展してきた。稲のことは稲に聞けば、百姓に聞かなくてもわかると考えた節がある。なぜなら、作物という対象を科学的に分析すれば、その作物の生産能力もわかると考えたからである。経営分析についても同じようなことが言える。経済的な指標を駆使すれば、経営の良し悪し、改善すべき点が明らかになると考えた。この手法がめざましい成果をあげたことは言うまでもない。それを否定しようとは、私にも恐れ多くてできない。しかし、これは「領域①」の世界である。百姓の世界は他にもいっぱいある。順に説明していこう。

図7—1　新しい学のイメージ

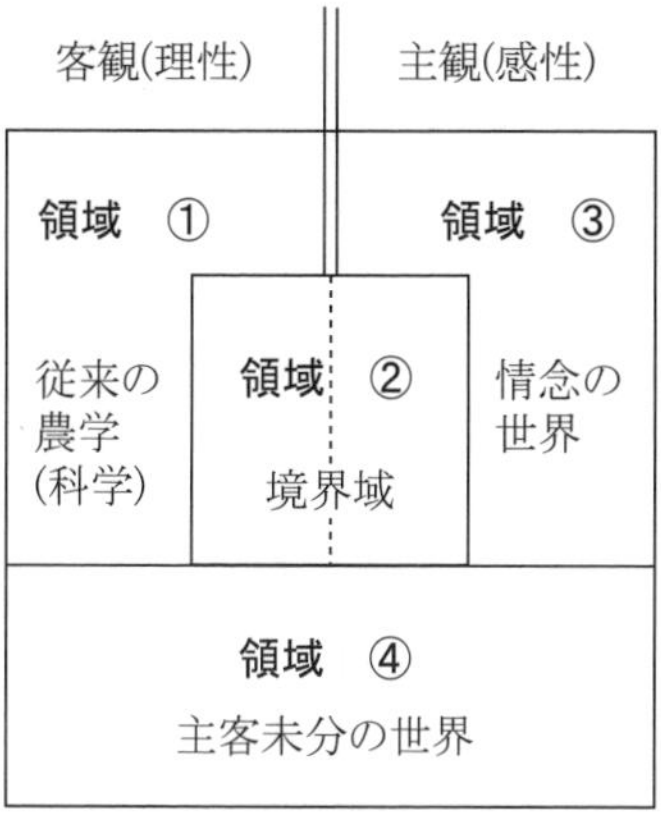

「領域③」は情念の世界である。オタマジャクシの足

が生えるまでは田んぼの水を切らすまいとする心根であり、経済性があろうとなかろうと先祖が切り開いた田んぼを荒らしたらすまないから耕しつづけるという情念であり、タマシイの伝承である。

「領域②」はこれらの境界域で、どちらにも属していない。たとえば、田んぼにどういう生きものがどれくらい生きているのかは、従来の農学ではとらえられたにもかかわらず、その意義を見いだせなかったから、放置されてきた。あるいは、一枚の田んぼの中でも、草の生え具合や草の種類に大きな違いがあることに気づき、その理由を考えることである。理由がはっきり科学的に説明できなくても、明らかに道路側と土手側とでは異なるのだ。また『荘子』に戻れば、スプリンクラーを拒否し、手で水をやりつづけている百姓の動機である。除草剤を拒否し、手で畦草刈りを続けている百姓の経営感覚である。

「領域④」はこのように語ることすらむずかしい世界である。稲の葉に星空のように輝く朝露にしばし我を忘れて見とれる世界であり、自分のことよりも作物を心配する気持ちであり、作物の声が聞こえる世界であり、時空を超えて開田してくれた先祖の深い情けに思いを馳せる時間であり、自分の死後もくり返しくり返し咲いてくれるだろう畦の花の美しさの価値である。

たとえば「自然とは何か」について、生態学では領域①で自然生態系の説明をするが、「なぜ人間は自然にひかれるのか」「人間にとって、自然とは何なのか」までは解釈できない。それは領域④に属するからである。学校などの教育機関では教えられない。なぜなら、身体全体で身につけるものだからである。くらしのなかで、仕事をとおして、経験として、蓄積していくものだからである。

ここには、天地有情の農学であっても手を伸ばせないかもしれない。それでもいいと思う。農学の外に、農学の手の及ばない豊かな世界があるということを、農学者はいつもかみしめて生きていけばいい。そうすれば、農学や科学は傲慢にならなくてすむ。ただし、後述する「百姓学」ならこの領域も手中にできるかもしれない。

二元論の克服は簡単ではない

大森荘蔵は、こう言い放っている。

「感覚や感情を始めとする人間の「心」に帰属する一切が、科学から排除された(それはほんとうは、排除する必要もなかったのだ)。しかし、そのために、わが身を含んで全世界が「死物」の一大集塊となった。人間の存在もその営為も、この死物の中にあっては何の人間的意味もない。こういう見方が現代科学が与える世界描写なのであり、現代に生きるわれわれに巣喰う不安の根源であって、それに較べれば流行の自然破壊や脳死、その他の生命倫理の問題は取るに足りないようにみえる(5)」

そして、新しい学は「だから、単純にそれらを取り戻して科学の世界像の上に重ねて描く、ただそれだけでよい」と言う。しかし、それは簡単なことではない。

私たちは「科学的」な見方が普遍的だと思っている。そして、情念を主観的・個人的な見方として軽視する。つまり、客観と主観、理性と感性を分けることに慣れすぎている。だが、晴れわたった空を見て気持ちがいいと感じるとき、いくら空の光を科学的に分析しても、原因は見つからない。感情をのぞき込んでも、原因が見つかるわけではない。理性と感性が分離していない状態で、身体全体で感じているのである。空自体が気持ちいいのである。

私たちは自然を科学的に分析的に見つめているわけではない。目の前の存在を丸ごととらえているのである。それなのに、すぐ「科学」を持ち出す。そういう教育を受け、そういう社会で育つと、ものの見方が薄くなる。問題は、これが農業観や自然観にどういう影響を与えたかということである。私たちは「自然を守る」と言いながら、ますます自然から遠ざかっているのではないだろうか。さらにやっかいなことに、その自然保護の方策や施策や思想の方向が間違っているのではないだろうか。

ふたたび大森荘蔵の言い分を聞こう。

「近代科学によって、特に人間観と自然観がガラリと変わり、それが人間生活のすべてに及んだのである」(6)

私たちは、それがどのような変化であるかを検証しようともしない。ただ流されているだけである。私はそれを検証しようと思う。農の世界が日々薄っぺらくなっていくことに堪えられないから。

表7—1　近代化尺度と非近代化尺度

近代化尺度	近代化尺度の新しい解釈	非近代化尺度	非近代化尺度の根拠
労働時間	長くてもいい	生きもの	いっしょに働く者がいるのがいい
所得	低くてもいい	風景	風景を壊さない
収量	低くてもいい	生きがい	カネにならないよりどころ
生産コスト	多くてもいい	エネルギー収支	投入エネルギーの少なさ
労賃	低くてもいい	家族の仕事	役割分担
利潤	なくてもいい	時の流れ	先祖から子孫への伝承
利潤の使い方	自然への還元	家族の参加、消費者とのつながり	年寄りや子どもが役割分担できるか

近代化尺度の横行

有機農業であっても、評価する基準は「所得」や「収量」や「労働時間」や「生産性」であったりする。食べものの評価も、「価格」や「おいしさ」や「栄養」や「安全性」などの、カネで表現できる、数値化できる基準が大手を振ってまかり通っている。いわゆる「科学的な基準」である。私はこれを「近代化尺度」と命名した(**表7—1**)。領域①のさらに狭い部分である。

ここからは、数値化できない、科学でとらえられない世界がぼろぼろこぼれ落ちる。ほとんどの人は「それは何だろうか」と考えない。そういう尺度を農学(科学)は提案してこなかった。天地有情の農学は土台技術まで対象としようとしているのだから、従来の近代化尺度だけで事足りるとするのでは、新しい学の創造に寄与できないだろう。

たとえば有機農業は、従来の農業の何に対してオルタナティブとして登場したのだろうか。農薬や化学肥料という近代化手段にだけ、対案をぶつけたのだろうか。その程度のものではあるまい。家族の関係を、農的なくらしを、時間を、自然を、技を、まなざしを取り戻したかったのだ。何から、取り戻そうとしたのだろうか。この「時代」から、である。近代化を推し進める時代から、である。そして、「科学」からも取り戻さなくてはなるまい。

天地有情の農学が対象とするのは、近代化の道からこぼれ落ちたものである。科学的な見方からもこぼれ落ちたものである。それなのに、世の中の大勢は近代化の欠陥を、さらなる近代化(科学化)で克服しようとしている。「非近代化尺度」を、またしても科学で用意しようとしている。あわてて断っておくが、私はそれを無駄だと思っているのではない。その限界もよく見えるようになったから、科学以外の手法も取り戻そうと言っているのだ。新しい農学は近代化尺度ではない尺度を、科学だけに頼らず、新しい手法として手中にしなければならない。

天地有情の本質

百姓が、草取りを終えてほっとする。充実感に満たされる。しかし、その満たされ方が問題である。百姓に尋ねると三つの答えが多い。①これで、減収しなくてすむ。②これで、きつい労働が終わった。③これで、ほかの仕事に専念できる。④稲が喜んでいるという気持ちはないのか、と問うと、「ないではないが、それよりも自分が大切だ」と言う人が多い。天地は薄情になるはずである。もっとも、これを責めるのは酷かもしれない。

④は近代化尺度ではない。前述の領域④に入るだろう。こういう伝統的な感性は近代化尺度の力が増すにつれて、表現する時と場が減ってしまった。衰えるのも当然であろう。ただし、「二一世紀は環境の時代である」とか「農政も環境政策へ転換すべきだ」と言われるような状況になってくると、そういう世界を成り立たせる土台をどこに置くかが問われる。科学的な尺度の駆使を馬鹿にするつもりはないが、④のような情感を復活しないと実態は何も変わらないだろう。

かつて百姓は「稲が喜んでいる」と感じていた。いまでもそう感じるときも失われてはいない。まさしく農の世界は「天地有情」なのである。私の新しい農学は、大森荘蔵からいただいて「天地有情の農学」と名づけたい。こういう言葉は科学である農学からもっとも遠い概念のように見えるが、百姓の世界は天地有情だからである。

天地とは、「自然」が日本語に定着する明治二〇年ごろまでNatureの翻訳語として使われていたことでもわかるように、「世界」「自然」という意である。有情はもともと「衆生《しゅじょう》」の意で、生いきとし生けるものすべてを指す。生きものは情感に包まれており、世界は生きもので満たされている。だからこそ、人間はその一員として生きていくことが苦にならない。天地は情感で満たされている、と言ってもいいだろう。大森荘蔵は、主観と客観を分離させるから天地有情はつかめない、と言った。科学で情念がつかめないのは当然だろう。また、主観だけでは田んぼの風景の美しさは説明できない。「主客未分」の世界こそ、天地有情が成立する場なのである。

新しい農学の方法で涼しい風や棚田をとらえる

もう一度、中学校の授業に戻って、新しい農学の手法で涼しい風をとらえてみよう。

領域①では、クーラーの風と自然の風を比較するために、温度や湿度や風速などの近代化尺度を駆使するだろう。しかし、これでは風は死物になる。なぜ、子どもたちが窓からの風のほうを気持ちいいと感じるかほとんど説明できない。

新しい農学は、それに草いきれや色や風景や風土を付け加える（領域②）。感性でしかとらえられなかった色や香りや音を科学的に分析して、風の属性として取り込もうとするのだ。しかし、そうしてとらえられる風の属性は、いつの間にか領域①に吸収されていく。

風の感じ方は人間の感性で左右される。そこで、受け手の風に対する経験や価値観などの情念を取り入れて分析を行う（領域③）。だが、これでは感性や主観を重視しただけのように受け取られるだろう。そこで、新しい農学ではそうしたものを総合的に感じるために、風に「身をまかせる」という伝統的な姿勢（領域④）に立って風をつかもうとする。

もう少し、ケーススタディを続けよう。棚田の美しさが注目されている。なぜ、はじめて見た都会人までも、棚田を美しいと感じるのだろうか。棚田を科学的に分析しても、主観のなかをのぞき込んでも、その理由はわからないだろう。その思いは、棚田を前にするから強く感じるのだ。

棚田が対象として美しいだけではなく、棚田を美しいと思う自分がいる。棚田に託して感じる自分の情感が、いとおしいのである。それなのに、農学は棚田の美しさを情念から切り離して、客観的に分析しようとする。石組みの妙がある、草がきれいに取られている、構造的にすぐれている、周囲の山とマッチしている、彼岸花が植えられている……などと原因を探るのが、領域①と領域②である。けれども、「美しい」と感じる感性は、そういう分析とは関係なくずっと前から存在してきたことに、目を向けるといい。その美意識とは何だろうか。それを探る手がかりをいくつか示してみたい。

一〇〇ｍ先にある目的地に至る二つの道があるとしよう。一方は草に覆われていて、もう一方は草がきれいに刈られているとする。あなたは、どちらの道を選択するだろうか。藪になった道は草をかき分ける作業（目的をもった人為）に力を費やし、草花や風景をゆっくり眺めながら歩けないだろう。だから、ほとんどの人は少々遠くても刈られた道を選ぶ。刈られた道が心地よいことを知っているからだ。そこに美しいという感情が育つのである。

自然を目の前で見るときは、安心できる、安堵できる自然のほうが美しく思える。それが、自然に包まれて暮らしてきた日本人の感性だ。都会人にもそれはわかる。自分が住んでいる家の隣が空き地で、草が背丈以上に茂っていたら、不気味で、怖いかもしれない。それがきれいに刈られると、ほっとする。少しは美しく感じることもできる。これが領域③だ。

棚田を目の前にすると、こういう感性をことのほか自覚できる。棚田の石垣の畦が高くても低くても田んぼの価値には関係はないのに、高いほうが感動を与えるのは、そこに仕事を見るからだ。人間と自然のかかわり合いを感じるのである。高い畦のほうが築くのも手入れするのも大変だと直感するから、美しく感じる。そういう意味で、棚田の畦は情感に包まれている。高いほど、よく手入れされているほど、自分の情念を引き出してくれるのである。これが領域④になる。

近代化を問うむずかしさ

棚田を前にして都会人が心地いいと感じる理由は、つまるところ、百姓が自然とそれほど深くかかわっているという感嘆と安堵が、自分に押し寄せてくるからである。棚田の前で、その情感に満たされている時間がいとおしい。そういう自分を感じるために棚田の前に立つ。

ところが、これと少し似ていて、まったくかけ離れた言説がある。石垣の高さが八m以上もある、佐賀県相知《おうち》町の棚田の畦に立ったときの話である。目がくらむ思いがした。そこで百姓は言うのだ。

「こんなに高いところで畦草刈りすることの危険性、大変さが、あなたならわかるでしょう。だから、畦をコンクリートにしたのです」

これは近代化の暴力である。この百姓の気持ちはよくわかるが、やはり外発的なものだろう。なぜなら、危険性を承知のうえで先代の百姓は棚田の「土地改良」をなしとげ、広々とした、城壁のように高い畦を築いたからだ。その畦草刈りを「しんどい、危ない」と感じる気持ちを増幅させたのは、効率追求の近代化農政であったろう(それは日本人のすべてが望んだものだという意味では、近代化も内発的に見える。だから、いまだに近代化農政批判は実をあげていない)[7]。

同じような思想が、農学には厳然としてある。

「こうした農業近代化の歩みは、一方では齢を重ねると曲がった腰が直らない程の苦役労働から農民を解放したが、他方では怒濤のごとく拡大した農産物自由化の波のなかで農業経営体としての経済基盤が損なわれ、一九九〇年代になると国内農業総生産量の縮小と食料自給率四〇％という危機的な状況を招くものとなった」

ことわっておくが、これを書いた学者を私はほんとうに尊敬している。もし農業「近代化」が「苦役労働から農民を解放した」のであるなら、私は他の欠点には目をつぶってでも、近代化を批判したりはしないし、すべきではないと思う。しかし私は、祖母の腰が曲がった姿を決して悲惨だとは思わない。むしろ、腰は曲がってはいないが、一人きりで畦草に除草剤をかける年寄りの日々のほうが惨めだと思う。そして、私が調査したかぎりにおいては、現代の年寄りもまた、あの「重労働の日々」が人生のなかで一番楽しかった、と答えているのである（二五三ページ参照）。

近代化を問うむずかしさは、この一例を見てもよくわかるだろう。その最大の原因は、従来の農学の拠って立つところがすでに近代化尺度だからである。労働を近代化尺度のみでとらえるから、楽しい労働も「重労働」になる。農業近代化に厳しい批判を加えてきた人も、近代化尺度を駆使するうちに自分の足下の浸食に気づかなくなる。だから、領域③と④の手法の確立を急がなければならない。

3　有用性を乗り越える農学

害虫との共生、害虫の悲しみ

それにしても、不思議だと思わないだろうか。稲は稲だけで育てばいいものを、わざわざ稲を食べる害虫まで引き連れている。そして、害虫は天敵を引き連れている。さらに、ただの虫まで寄ってくる。だから、田畑は生物多様性に満ちあふれている。自然は生きものの関係の網で成り立っている、と言ってもいい。

私は青年のころ、挙家離村で田んぼがなくなると真っ先に滅ぶのがスズメだと聞いて感動したが、いま考えるとそれはあたりまえで、稲がなくなれば害虫などは同時に滅ぶのである。稲や害虫を食べて生きていたスズメも同様である。独立し、孤立している生きものなど、一種もいない。それなのに、害虫を駆除し、排除し、防除しようとする気持ちをことさら肥大化させるのは、心の病気かもしれない。近代が生み出した精神異常かもしれない。

しかし、それを農学は全面的に肯定してきた。それは、稲を食べる人間は全面的に肯定され、同じ稲を食べる害虫は生存さえ許されない、という精神構造に立脚している。私たちが共生と言うのなら、まず害虫との共生を身につけないといけない。もともと農業は、それをめざしてきたのではなかったろうか。生産が安定してくり返されるということは、すべての生きものの関係も安定してくり返されることである。決して、人間だけが安全な食べものを食べることをめざしてきたのではなかったはずだ。

　こうした時代に生きる害虫の悲しみは、私たち人間の悲しみと同根ではないだろうか。こうした悲しみを抱いたとき、生きもの同士の喜びもまた見えるような気がする。ここに、私は農の豊かな可能性を見る[8]。人間が生きものとして、自然のなかで人間らしく生きていくために、どういうまなざしが大切かをともに考える時間が、百姓には失われていない。

　人間はそこにいるだけで価値がある、と教えられる。役に立っているかどうかは二の次だ。ところが、近代化社会では、役に立たないと、愛されていないと存在価値がないような雰囲気で、人間として生きにくい社会になっている。虫を見る眼にもそれはよく現れている。ただの虫など歯牙にもかけないのだ。

　近代化される前の人間は、その点では偉かった。すべての生きものには（植物や山や川や風にも）タマシイが宿っていると考え、人間と同等に見ていたのだから。それを非科学的だとして切り捨てることは簡単だが、大森荘蔵が言うように、そういう天地有情の世界に科学の精密な知識を「重ね描き」することなら、科学も拒む理由はないだろう。

　一二月だというのに、畦にはあきれるほどの紅色の仏の座が咲き乱れ、空にはユスリ蚊の蚊柱が不思議な模様をつくって舞っている。こういう世界に私たち百姓は生きている。天地はずーっ

と有情であったし、これからも有情でなくてはならないだろう。(9)

有用性の呪縛を超える

先日、若い百姓がヨモギも知らないのに驚いたら、「ヨモギを知らなくても農業経営はできます」と逆襲され、その論破に汗だくになった。ヨモギはまだ有用性が少しは残っているが、これを蛇イチゴや星草やチビゲンゴロウに置き換えてみると、農学の大きな空洞に気づくだろう。

従来の農学のように、経済面の有用性だけで対象と人間の関係を解明できるとは思えない。その有用性とて、交換価値の範囲に限定されていた。そこで、農学が呪縛されたままになっている有用性に対峙し、超えていく方法を考えてみよう。情念と主客未分の世界を土台にしながら、さらに非経済・使用価値・内在的な価値・本質的な価値という領域を重ねてみる。

象徴的な問題を提出しよう。一〇aあたり六〇〇kgの米がとれるが、赤トンボは一〇匹しかいない田んぼ(あるいはそういう事態を招来した百姓仕事)と、四〇〇kgの米しかとれないが、赤トンボは五〇〇〇匹も生まれている田んぼ(あるいはそういう事態を招来した百姓仕事)では、どちらが価値があるだろうか。

交換価値(経済価値)で判断するなら、前者のほうがはるかに価値がある。しかし、赤トンボ一匹あたり一〇円の環境支払いが実施されるようになると、経済価値ですら逆転する。それは、いままで有用性が認められなかった赤トンボに環境支払いを実施せざるをえないほどに、有用性が認められるようになったからだ、とはたして言えるだろうか。もともと有用性（内在的価値）はあったが、経済価値がなかっただけの話ではないだろうか。

それでは、赤トンボの有用性とはどんなものだろうか。それを計る指標は科学的には存在しないが、指標がないわけではない。計る意味が一般化されていないだけである。赤トンボが何匹生まれているかを調べるのは、むずかしくはない。米の収穫高を計るのは、その経済価値を勘定するためだけではなく、むしろ生産技術を評価するためである。分けつ数や穂数や籾数や食味を測定する延長にある。このように農学が有用だと認定し、経済価値が裏打ちする世界は、緻密な指標化が行われてきた。この面の農学の貢献は計り知れない。

赤トンボ一匹が一〇円になったら、指標化が進むだろうか。大きなとまどいと混乱が農学を襲うかもしれない。有用性を認識する感性が、経済価値の肥大に伴って衰えてきているのである。そこで、それを補う工夫（思想や政策）が浮上せざるをえなくなった。

ディープエコロジーのすごさと限界

エコロジーとは、経済成長した国の国民が、自分たちの便利でぜいたくなくらしを長続きさせるために、資源を枯渇させないような省エネや環境汚染の防止に取り組むことでしかない。だから「エコロジーとエコノミーの調和」というような言説が成立する。こういう人間中心主義のエコロジーを超えようとする運動が、一九八〇年代のディープエコロジーだった[10]。

その主張の骨格は、自然環境の価値は交換価値・使用価値だけでなく、内在的価値でもなく、本質的価値にあり、すべてのものに存在する権利がある、と言い切ったことであろう。内在的価値とは、メダカや赤トンボを見て、しばし思いにふけることができる価値である。しかし、これも人間を癒やす、人間のための価値でしかない。人間がいてもいなくても、自然自身に本質的価値があるというのが彼らの主張である。人間の命もメダカの命も価値に軽重はないという。

私はこの人間中心主義でない考え方にひかれながらも、何か引っかかる。それは、彼らが心から賛美する自然が原生自然を念頭に置いているからである。脱人間主義が人間の手の入らない原生自然に範をとろうとする気持ちは、よくわかる。だが、人間の手がまったく及んでいない自然をもってこないと人間の価値に対抗できないというのは違うのではないかと思うのだ。また、彼らの言う「価値」(それは権利の根拠となるものだが)という近代的な概念に、どうしても違和感を抱いてしまう。価値では、人間中心主義を超えられないのではないだろうか。

私は、百姓が手入れして成り立っている自然に範を求めて、価値や権利という概念によらずに、人間中心主義を乗り越える道を考えたい。

有用性のない世界に有用性を見つける危険性

その前に片づけておかなければならないものがある。あたかも人間中心主義を超えていく武器のように見られている生物多様性の価値のことである。生物多様性を根拠づける科学は存在しない。ただ、現代人はわかったような気になっているだけである。援護する論理として唯一説得力があるのは「世代間公平論」であろう。しかし、これとて人間にとっての未来世代への有用性配分の論理でしかない。

『田の虫図鑑』は有用性のない「ただの虫」という概念を虫見板から発想し、農学に導入しようとして、紆余曲折を経ながらも受け入れられた。それは、農学が害虫・益虫にのみ着目していた時代に、それ以外の生きものに視野を広げただけでなく、天地全体を把握するまなざしの提案でもあった。ただの虫という語感は、「無用の」というニュアンスを含むが、西日本では「普通の」という語意が強い。

この図鑑の中で私と日鷹一雅は、田んぼにはただの虫が圧倒的に多く、ただの虫が「ただならぬ働き」をしていることを指摘している。私たちは「ただの虫も、じつは米の生産に役に立っている」という有用性を見つけようとして、悪戦苦闘してきたわけだ。そのために、かえって生物多様性という天地全体への切り込みが弱くなったことは、事実として受けとめたい。また、いくつかのただの虫の有用性は明らかになりつつあるが、そうした種を保全してきた農業技術（百姓仕事）の構造解明は緒についたばかりである。

田畑の生きものの八〇％以上は、ただの虫（ただの生きもの）であろうが、そのうち有用性（経済価値・使用価値）が科学で証明できるものは、わずかだろう。ユスリ蚊や糸ミミズやトビ虫や姫モロアラ貝や姫ミソハギには、有用性が証明できた。しかし、たとえば、どこの田んぼでも見かけるチビゲンゴロウや貝エビや星草に、科学は有用性を見つけられるだろうか。そもそも、こういう生きものに人間のまなざしはどうしたら及ぶようになるのだろうか。そこで、従来の科学とは別の接近法が編みだされなければならない。

つまり、ただの虫の有用性が証明されても、それは「有用なただの虫」として表現しないと、天地世界の全体把握が振り出しに戻る。ただの虫に序列を与えることで、せっかくの大切な世界観を失っては困る。ディープエコロジーの主張する本質的な価値をチビゲンゴロウや星草に想定してもいいが、原生自然や天然記念物とは違い、人間がまなざしを向けないなら、それも実感できない。そもそも、価値という概念ではとらえられないものだ。

有用性のないものをどうとらえるか

イバン・イリイチは、「あなたの妻にどういう価値があるか」という問いは破廉恥だと言う。誰しもこんな質問には回答を拒否するだろう。家族を価値で見ることは、堕落でしかない(ところが、現実には、人間も価値で評価されるようになっている。だから、自然にも価値を見いだそうとする)。自分の妻に有用性を探し求める気持ちは、すでに近代的な価値観に屈している。

よしんば価値などなくても、存在することがうれしいのではないか。ともに生きることが喜ばしいのではないのか。つまり、価値は非価値という概念とセットで成立したのである。価値は非価値なものの存在を認めるから成立する。イリイチは、さらに次のように言葉を継いでいる。

「価値に対する議論は嘆かわしいほどに主観的で、嘆かわしいほど自然から遠ざかっている」[11]

稲は稲だけでは育たない。稲はさまざまな生きものとともに育つ。稲とともに育つ約一〇〇〇種の生きものを有用なものと有用でないものに分けること自体、科学がもたらす堕落だと言えよう。だから、ただの虫という概念を有用性への扉として見るのではなく、価値か非価値かに分ける前の世界認識ととらえるべきであろう。

チビゲンゴロウも貝エビも星草も、そこに存在するだけでありがたい。しかし、残念ながら、この先にもうひとつの難題がひかえている。チビゲンゴロウを知らない百姓にとって、そう言えるのだろうか。この問いには、二つの答えがあるだろう。

①だからこそ、もっと世界認識を広げるのですよ。かつては、五〇〇種もの植物の名前と生態を認識できた人間が少なくなかったではないですか。近代化技術によってそういうまなざしと能力を失ってきたのですから、取り戻すのですよ。

このまなざしをどう取り戻すかが有機農業に問われている。

②チビゲンゴロウを認識しようとしまいと、そこにいることが喜ばしいことですよ。

しかし、これも条件付きになるだろう。近代化される前の精神と情感を堅持していなければ、喜ばしいと感じ、天地全体を受けとめていた情感は滅んでいくだろう。また、百姓仕事によって、毎年変わらない四季と生きものと自然がくり返されることが不可能になってきている現代において、認識しなくてもいいという態度は非情のそしりを免れないだろう。つまり現代人にとっては、

①を経なければ②に至れないことになる。

4　近代化を超える農学

動機と契機の在処

百姓の情感や情念をすくいあげる方法論を形成するには、動機と契機が必要である。大状況から語り出すなら、動機は、従来の生産性があまりにも経済価値に収斂して議論されてきたために、重大な自然環境破壊(とくに生きものの死)を招いたという反省に求められる。そして契機は、その反省に基づいて、農業政策のなかに環境政策を立ち上げようとしていることである。

一方、一人ひとりの人間から語るなら、また別の動機と契機が存在するだろう。ここでは、それを喚起するものの実体について明らかにしておきたい。

ある百姓の話だ。約八haの水稲作を中心とする農家である。彼ら夫婦は、農学的には必要のない補植に田植え後の一週間を費やす。その理由を「このときでないと、自分の足で田に入って、すべての株に目をやる機会はない。ムダな行為だと思われるだろうが、こういう仕事と時間も百姓として生きていく以上、必要なのだ」と説明してくれる。これは、次のように整理できる。

近代化技術が失いつつあるものを失わないようにする対抗技術としての補植であって、減収防止技術ではさらさらない。これは、じつに「新しい技術」なのである。こうした「情念の技術」が滅びないように、私たちの学は貢献しなければならない。同様に、生きものの減少に対抗する技術を新たに形成しなければならない。それは、生きものへの哀惜と情愛という百姓の人間としての情念に依拠する技術である。こういう技術の新しさに気づく人間を増やしていきたい。

百姓仕事が近代的な「労働」に陥らないようにする工夫を近代化技術に組み込めなかった反省が、たしかにある。それは、個人的な仕事のなかで、かろうじて個人的な思いで支えられている。私はここに一条の希望を見つけるが、これを方法論にしていかねば学にならない。この場合の方法論は、生きもの（自然環境を代表する）と百姓仕事（農業技術とその土台を含む。上部技術と土台技術）の関係に着目し、それを明らかにすることである。その方法論を形成するにあたって解決しておかなければならない難題が、従来の議論の前提とされていた有用性だったのである。

仕事にあって労働にないもの

有用性の農学のすすめに従い、同時に生態学のお墨付きを得て、私が躊躇することなく草刈りをすすめる労働に転換したとしよう。これが仕事から労働への転換と呼ばれるものだと気づくだろう。ここから労働時間という概念が導入可能になる。「無駄」な時間を捨てるとは、「無駄」な仕事を捨象して労働だけを選択するということなのである。

しかし、この労働には仕事にあった豊かさが失われている。その豊かさを新しい農学は明らかにする。蛙に気をとめることなく草刈りをするようになったら、百姓の大切なものが失われる。そうなれば、生きものへのやさしさや、生きものと交感できる百姓の感性と情念、つまり天地有情を感じ、身にとらえる能力が衰えていくのは、目に見えている。近代化技術に伴う労働は、驚くほどそれを証明してきた。だから、もう一度労働を仕事に戻す回路を、新しい農学は懸命に探さなければならない。

労働時間は短縮できても、短縮できない仕事がある。生きものの生は効率化(短縮)できない。ウンカが大発生しそうだからクモの孵卵期間を短縮してほしいという要望に、クモが応えないのは自明だ。生きものを育てる技術は効率化できない。いや、してはならないのに、効率化している。稲作の労働時間が減っていく結果、生きものの生が影響を受けることにいつのまにか鈍感になっている。

従来の労働論には、決定的に欠けているものがある。宮澤賢治はウイリアム・モリスを引用して述べる。仕事と言わずに労働と言っているのが賢治の限界ではあるが、気持ちは伝わってくる。

「芸術の回復は、労働に於ける悦びの回復でなければならぬ。労働は本能である。労働は常に苦痛ではない。労働は常に創造である。創造は常に享楽である。人間を犠牲にして、生産に仕ふるとき苦痛となる[12]」

また、九州を代表する農本主義者にして「土の行者」であった松田喜一はこう言う。松田は決して労働という言葉を使用しなかった。

「いくら、秀でた学理や機械化農業の道が開けても、また所得を増し、生活水準を引き上げてもらっても、この滔々たる世流の誘惑には、百姓嫌いになるのが人間である。百姓を好きで楽しむ人間になれば、仕事が道楽になる。働きが道楽なら、『労働時間の短縮』などは大迷惑な話だ(13)」

そして、山下惣一だ。

「早い話がよ。百姓はつくるときに楽しく、売るときに腹が立つ。したがって売らない農業が最高だ。楽しく売るのがその次。カネを稼ぐ目的でやるのが最低、とまあこうなるわけさ(14)」

仕事と労働を論じなければならない。いつの間にか農業論の中心が生産論になっているが、ほんとうは仕事論(労働論)ではなかったのか。国民の食料を生産する(供給する)よりもはるかに前から存在し、はるかに深い土台となっているものは、「生きる」ということではなかったのか。その生きる時間を支えたのが仕事であった。決して労働ではない。

有用性のないものを豊かに表現する

ここまで論じてくると、仕事以外にも有用性にとらわれない世界があることに気づくだろう。それは、「善」や「愛」や「情念」と呼ばれたり、「タマシイ」と名づけられたり、「呼び声」と呼ばれたりしているものに向き合う人生である。うっかり草刈り機で切ってしまったヤマカガシのために、家に戻って線香を取ってきて焚く百姓を、「宗教心に篤い人柄だ」とかたづけて、生きることや時間の本質に迫ることを忘れてはいないか。雨脚が強くなった夜に、稲の呼び声を聞き、田んぼに駆けつける情念を、減収へのおそれと誤解してはいないか。産業としての農業の土台に「生業」としての農が失われていないことを、さまざまな局面で再発見していこう。

そこで、もうひとつの対策が見えてくるだろう。有用性のないものを豊かに表現することである。あるいは、有用性のないものの豊かさを表現すると言ってもいい。それは、いかに多くの非近代化尺度を提案できるかにかかっている。その雄弁な一例が、第5章で紹介した福岡県の「生きもの目録づくり」への環境支払い政策である。この政策が注目すべきなのは、単に減農薬や減化学肥料の技術に支払われるからではない。百姓自らが生きものを調べ、生きもの目録を作成し、めぐみ台帳として表現する一連の営み全体を支払いの対象にしているからである。ここから、非近代化尺度としてもっとも有効な生物指標が生まれ育とうとしている。

もちろん、詩も歌も音楽も、すべての芸術は軽々と有用性の足かせから解放されている。いつから農学と芸術は疎遠になったのだろうか。私は、もっと百姓の個人的な表現方法を提案する農学があらねばならないと思う。日々の百姓仕事のなかで、くらしのなかで、発見したり、驚いたり、気づいたり、話したくなったりしたものを、口でも文章でも表現することの意味を称揚しようではないか(これは近代的な「農民文学」がなぜ衰えたのかという考察に導くが、別の機会に論じる)。

多くの百姓は、自然をつかむときには主客未分の状態で、まるごと感じとっていることが多い。有用性(価値)と非有用性(非価値)を仕分けするのは、まるごとつかんで、そのずっと後からである。経済的な価値を勘案するのは、そのさらに後になる。ところが、主客分離を自明のこととして受け取ると、最初から非有用なものは見えてこない。私たちがそういう人間になりつつあることは認めるが、そこから引き返す工夫と思想を天地有情の農学は提供していきたい。

歯止めとしての土台技術

この数年、ＢＳＥや鳥インフルエンザにかかる牛や鶏が後を絶たない。それを「近代畜産ゆえの欠陥だ」と指摘してすます論説に対して、私はとても不愉快になる。発症した家畜はもちろん、いっしょに飼われていた家畜も「処分」されている。この家畜の悲しみ、育てていた百姓の悲しみは、すべての百姓に共通のものではないか。私は近代化には人一倍きびしい見方をしている人間だが、死んでいく、殺されていく生きものには、静かに涙を流したい。

食用にされる牛や鶏には「いただきます」という感謝の心も捧げられるが、病気で、さらにその巻き添えで「処分」される牛や鶏には、感謝や同情どころか、「早く処分してほしい」という冷たい視線が投げられる。それは近代化をすすめてきた精神と同じ冷たさだ、と断定せざるをえない。近代化とは、そういう悲しみに目をつむる冷静さと冷酷さを要求するものだからである。たしかに、すべての百姓が例外なく、少なからず自分のどこかを近代化せざるをえなかったのが、戦後日本の歴史だった。だからこそ、近代化の諸症状について冷たく突き放すのではなく、そのなかの悲しみをこそ見つめつづけて生きていきたい。

天地有情の農学は、近代化を批判しながら、近代化された農業の土台に依然として近代化できないものが横たわり、それこそが近代化を支えている(近代化を暴走させまいとしている)ことに着目する。近代化された畜産でも、家畜への情愛はなくなってはいない。一頭一頭の牛、一群一群の鶏と目を交わし、様子をうかがう仕事は、土台技術として残っている。

私の近所に、農薬も化学肥料も使用する百姓がいる。しかし、彼の家族は畦には決して除草剤を散布しない。草刈り機で年六回、刈っている。それは土台技術が健在だからである。ここにこそ、近代化に席巻されなくてすむ最後の可能性が横たわっている。有機農業だって、農薬や化学肥料は使っていないかもしれないが、トラクターも車も使用している。少なからず近代化を受け入れてきたが、どこかで歯止めをかけてきたのである。農薬と化学肥料を使用しないというのも、ひとつの歯止めにすぎない。それ以外にもいっぱい歯止めはあるはずだ。

一〇haを超える近代的な稲作経営であっても、補植をし、畦草刈りをし、毎日田回りをし、子どもたちに田植えや虫見をさせている百姓が少なくない。こうした百姓と近代化に批判的な百姓は、手を結ぶことができる。共通の土台に立っているからだ。共同体論議をここでする余裕はないが、決定的に農学者が勘違いしていることがある。自分のために共同体が必要なのではなく、共同体のために自分が必要なのである。自分の価値のために周囲の百姓を見るのが近代化精神であり、日本農学の精神構造であった。

5　情念の学を

人間のためか稲のためか

年寄りの百姓から怒られたことがあった。

「いまの若い百姓は、草取りが終わって、これで楽になるとか減収せずにすむとか、どうして自分のことだけ語るのか。どうして稲が喜んでいると思わないのか」

近代化精神では、稲がよく育つために行う除草作業の根拠を、人間の利益である「経済」に求めてしまう。稲をよく育てるのは、稲自身のためではなく、それによって収益を得る人間のためだという変質が、どこかで生じている。正確に言えば、人間のためだと言い聞かせる力が、稲のためだと言い聞かせる力よりも勝るようになったのである。それはいつからか、どうしてか、その結果どうなったのか考える「学」は、不在である。

それは、稲(生きもの)の精神性をつかむ感性が衰え、そこから何の問題点も抽出できなかった学の限界でもある。民俗学がこれに危機感を覚えていることは知っているが、どう対抗しようとしているのか、百姓仕事に関するかぎり私は知らない。私はどうにかしたいと思いつづけている。

私たち団塊の世代は、戦後教育を受け、科学的で合理的な精神を身につけたと思っている。しかし、伝統的な非合理の世界も幼い日々に濃厚に感じて育った世代でもある。「稲のため」と自分に言い聞かせる心構えも理解はできるのである。

生業の豊かな世界

私はときどきゾッとすることがある。近代化を批判している自分の精神が、近代化精神と通底しているのではないかと感じたときである。私も一貫して近代化教育を受けてきて、ほとんど洗脳されていると唖然とすることが多い。こういう私にとって、身をただし、気持ちを引き締めるよすがは、生きものの生と近代化されていない年寄りの生き方である。ここでは一例として、敬愛する石牟礼道子さんの話に耳を傾けてみよう(15)。

「ご夫婦とも、村の働き神さんの中でも、いちばんの神様だといわれていました。小母《おば》さんの方は水俣病の気が少しあるんじゃないかとわたし思っていますが、足がかなわなくなりましてね、病院に行かれた帰りに、いつもわたしの家に寄ってゆかれます。ほんとうにいざるようにして家に寄られまして、『もうほんに道子さん、蜜柑山の草がなあ、毎日、草が呼びよるばってん、行かれんが』とおっしゃるんです。

それで、『ああ草の声がなあ、切なかなあ小母さん、それで、小父《おじ》さんはどうしとられますか』と聞きますと、その小父さんが、『男のほうが女より早う逝くけん、おれが死んだあと、おまえが友達のおらんけん、おまえに相手してくれるごと、蜜柑山なりと育てておこうわい』と言いながら、畑にゆかれるのだそうです。

ところがその小父さんも亡くなって、この頃では、小母さんもとうとう蜜柑山に行けなくなりました。それで、近所の人が畑に行く時に、『小母さん、蜜柑山に行くが、何かことづけはなかな？』と声をかけてゆくんです。すると『はあい』と言っていざって出て、山の方をさし覗いて、『わたしゃもう、足の痛うして。行こうごとあるばってん行かれんが……。草によろしゅう言うてくれなぁ』と小母さんが言いなさる」

この話を聞いて私は、農が生業であったときの豊かな精神を再発見する。自然に働きかける仕事を妻のために用意することの意味を考えてみよう。

現在では「蜜柑も過剰で、補助金もらって切り倒しているんだよ」と反論するのは簡単だ。しかし、経済価値を生み出す前に、生き甲斐としての仕事があったのではないか。自分の死後、「妻の相手をしてくれるように」蜜柑を育てる夫は、カネにならない蜜柑山を残したのである。儲かるから蜜柑を植えたのではないし、行政に勧められて植えたのでもない。「妻の相手」をしてもらうために、働く場を創造するために、植えたのである。これが農の初心ではなかっただろうか。

さて、足が不自由になって、蜜柑山に行けなくなったおばさんは、蜜柑山の草に「よろしく言ってくれ」と言づけする。なぜ、蜜柑の木ではなく、草に言づけするのだろうか。「草は、除草の対象ではないか。雑草や害虫によろしく、と言うだろうか」と私たちは思ってしまう。私たちは、草よりも果樹を大切にするだろう。経済価値があるものはたしかにありがたい。

だが、草取りという仕事に生き甲斐を感じてきたおばさんにとっては、草も蜜柑の木も同じ相手である。むしろ草のほうがつきあいが深いのである。蜜柑はカネになるが、草はならない、というような近代的な価値観に染まる前の人間の原初の情愛が、ここにはある。

百姓仕事はこういう世界に人間を誘う。だから、仕事自体が楽しみになる。それは、相手がいるからである。生きものが相手だからである。草に美しい花が咲かなくても、取っても取っても生えてくるけれど、草を相手に草取りをしていると、草と同じ世界に生きている情感が生まれてくるのだ。目的を達成することだけが仕事ではない。こうした情愛を百姓仕事は育んでしまうのである。こうした仕事の対象(相手)とのタマシイの交流があればこそ、かつての百姓には「稲の声」や「草の声」が聞こえたのである。

たぶん、「こういうものは、科学や学とは別の世界だ」と多くの科学者や指導者は言うだろう。その言い分は認めよう。しかし、そうならば、科学とは、学とは、この世のほんの一部しか相手にしていないことになる。それを自覚して科学するならいい。同時に、残りの大部分に手を伸ばす学や表現法もあっていいだろう。そうしないと、科学でわかる程度の自然や環境しか相手にできない世界で生きていくことになる。

小さな充実と感動

私は、人生の手ざわりと実質は、経済ではなく、自分のなかに流れる情念と、生きもの(人間も含む)との交感にあると、信じている。たしかに、去年の田んぼの収穫量や所得は、記憶にしっかり残っているだろう。それは数値化でき、記録に残しているからだ。それに比べて、去年の七月二〇日の銀ヤンマの羽化のみずみずしさや、八月一〇日の涼しい田んぼの風は、もう記憶から薄らいでいる。「ああ、百姓していてよかった」と銀ヤンマを見つめ、風に身をまかせながら、そのときは感じていたのにである。

人生とはそういうものではないだろうか。こういう無数の小さな充実と感動の集積に支えられて、私たちは生きている。所得や名誉やプライドは、こういう日々の実感の上部に構築した方便にすぎないだろう。その証拠に、仕事に没入しているときはすべてを忘れているではないか。

ところが、現代社会はこうした消極的な時間と空間と実感を軽視する。それに代わって、あたかも積極的な価値で人生が決定しているかのような印象を振りまいている。この積極的な価値の代表が経済価値である。困った価値だ。この世は、じつに天地有情なのに、消極的な世界をあざ笑うように、積極的な価値が積極的な人生を称揚しつづけている。人間が疲れるのも当然だろう。だから、積極的な価値を潰すほどの力はないかもしれないが、それにじっくり対抗するモノとコトとして、消極的な価値の代表である天地有情を懐にして、ゆっくり歩いていきたい。

百姓学の八つの原則

最後に、天地有情の農学のこの後の行方を描写しておこう。そのためには、私がもうひとつ産み落とした「百姓学」の世界を語らねばならない。『国民のための百姓学』から「百姓学宣言」を引用する。

「百姓学は、次の八つの原則を土台にして、育っていく。

（1）百姓学は、農があたりまえに、そこに、いつもあり続ける伝統と情感と論理によって、世の中を解釈する。その核となるものは、人間も含めて生きものの命と、仕事が繰り返されていくことだ。この『農の伝統・感情・摂理・思想』を明らかにする。

（2）百姓学は、科学を軽んじないが、経験や感性をより重視する。なぜなら、人間が自然に包まれて生きていく安心と、自然に働きかけていく情念は、残念ながら、現代科学ではつかめないからだ。／たとえば、百姓の田畑は（家畜も）それ自体が研究の場であり、百姓仕事自体が研究活動である。しかし、わざわざ従来の概念で『研究』と呼ぶこともない。

（3）百姓学は、近代化を否定しないが、近代化してはならないものを守るための論理を提示する。近代化によって繁栄してきたものを、さらに褒めたたえる必要はない。むしろ、近代化によって息の根を止められそうなもの、滅ぼされそうなものを、救い出す学でありたい。／日本農学は、明治時代以降の近代化をすすめるために、国家によって誕生させられたが、百姓学は、近代化が行きすぎた結果、農の土台までもが崩壊するようになって、この危機感の深さゆえに、百姓の懐から産み落とされた。だから、百姓学は、日本農学の脱皮を手助けもする。

（4）百姓学は、人間中心主義を脱却する。百姓の仕事とくらしは、人間以外の生きものや、タマシイによって支えられているからだ。しかも、現世の、この時代だけの価値観でものごとを解釈するのではなく、先祖からの贈り物や、未来への送りものとしての農の姿を明らかにする。／したがって、百姓学は、カネにならないものを本気で大切にする論理を組み立てる。

（5）百姓学の表現は、論文である必要はない。詩であり、小説であり、エッセイであり、歌であり、絵であり、田んぼであり、畑であり、生きものであるかもしれない。ただ『学』である以上、表現し、伝えなくてはならない。教育に取り上げられなければならない。体系化を目指さなければならない。／しかし百姓学は、学会をつくらない。そういうものは必要がない。試みや思想は伝わっていくものだ。

（6）百姓学は、従来の百姓の膨大な表現から、しっかり百姓学であるものを拾い上げていく。また、日本の伝統的な文化や歴史や思想や宗教からも、科学が拾い上げることができなかったものを、自分の手ですくいとっていく。

（7）百姓学は、近代化が終息し、生きとし生けるものの生が繰り返し安定すれば、使命を終えて、野に還り、眠りにつく。

（8）百姓学の担い手は、学者である必要はなく、百姓はもちろん、農に関心を抱くすべての人に開かれている。それぞれの人たちに、それぞれの百姓学が形成されていくことを、すべての生きものの名代として願う」[16]

少し補足をしておこう。「百姓学」の主領域は、前述の領域①〜④のすべてに及ぶ。ここが農学とはまず異なる。次に、これほどすべての領域を簡単にカバーできる理由は、科学的な(農学的な)まなざしで見ないからである。科学的な窮屈な表現法にこだわらないからである。百姓がふだん考えるように、しゃべるように、表現すればいいのである。文字にすればいいのである。

哲学者の内山節は、百姓の文化伝承・生き方の表現を「非文字の学」と呼んでいる。百姓は文字で記録するよりも、はるかに膨大に口でしゃべってきた。その語りを学者は採集し、利用してきた。なかにはそれを利用して自分の学とした人もいたが、決して百姓は「剽窃」だと糾弾しなかった。別の世界のことだと思っていたからだ。

百姓の農業技術の普及をはかる書は、かなり苦しい表現を強いられてきた。むしろ、科学以前の農書のほうが自在な表現ができていたような気がする。なぜなら、科学的に説明しなければいけないという強迫観念にとらわれていなかったからである。経験を妙に科学的に裏付けようとするから、大事なものがこぼれ落ち、試験研究機関に対する劣等感すら生まれたのである。科学的に説明できなくても、表現すればいい。

しかし、文字にすればなぜ「学」になるのか、まだ納得できない人が多いだろう。山下惣一の作品をぜひ読んでほしい。ほとんどが百姓学である。なぜか。そこには、山下惣一という百姓の時代精神に対峙しつづけた生き方と考え方が、文字によって表現されているからである。なぜ時代精神と緊張関係にないといけないかというと、百姓学そのものが近代化精神によって踏みにじられ、滅びに瀕しているという危機感をバネに生まれ落ちたからである。

なぜ文字でなければいけないのか、と問われるなら、私にはそういう能力はないが、文字によらない百姓学を生み出す人は現れるにちがいない、と答えたい。

それなら、百姓学には普遍性がないように思われるにちがいない。この時代の普遍性などにはこだわらないから、それでいいのである。一人ひとりの百姓に、それぞれの百姓学があるだけだ。

百姓学と天地有情の農学との関係

それでは、百姓学と天地有情の農学との関係はどうなのだろうか。百姓学と農学の違いは、次の五つである。
①天地有情の農学は、科学を重視する。百姓学は、科学にはまったくとらわれない。「科学でわかることは、科学でわかる程度のことでしかない」という内山節の言葉をかみしめ、科学からはみ出そうとするが、両足とも科学外に出すことはない。
②天地有情の農学は、領域④に接近できても、踏み込むことができない。それはおもに①の理由による。もっとも、これは私にその能力がないだけで、将来領域④にまで踏み込む農学者が現れることを期待する。
③天地有情の農学は、百姓学のように、個別に安住するわけにはいかない。別々のものをつなごうとする。つなぐものを見つけようとする。天地有情の農学は、常に百姓の経験の「理論化」をめざす。

④天地有情の農学は、時代の要請を無視しないが、時代を超えて百姓のなかに流れていくものをより大事にする。百姓学がそれを意識しないときには、強く指摘する。
⑤天地有情の農学は、農学のなかで現在は異端である。それをいつも自覚する。しかし、天地有情の農学は、従来の農学よりも広く、深い。だから、百姓学とずいぶん重なる。その重なりを剥がして分けようとする必要はない。重なりは重なりのまま、抱きしめていく。したがって、「これは百姓学か、農学か」と問われても、「どちらもです」と答えざるをえないことも多いだろう。

(1) 村上陽一郎『科学の現在を問う』講談社、二〇〇〇年。
(2) 岸陽子訳『中国の思想12荘子』(徳間書店、一九六五年)を一部改変した。
(3) 鈴木大拙『東洋的な見方』春秋社、二〇〇一年。
(4) 横浜市環境科学研究所に拠りながら、全国の自然環境再生の運動を支援しつづけた。二〇〇四年没。
(5) 大森荘蔵『知の構築とその呪縛』ちくま学芸文庫、一九九四年、八〜九ページ。
(6) 前掲(5)、一三ページ。
(7) 残念ながら、「近代化」自体が、明治維新で西洋から輸入された外発的なものだ。その問題点は、すでに明治初期から指摘されていた。日本に来た西洋人は悩むのだった。「こんな豊かな日本という国に、近代文明を輸出していいのだろうか」と。渡辺京二『逝きし世の面影』葦書房、一九九八年。
(8) 池に舟が浮いている。舟も含んだ池が「農」で、舟が「農業」である。もちろん、舟はカネになる世界を象徴している。しかし、農はカネにならない池そのものも含んでいる。池が干からびてきているのに、舟だけを論じているわけにはいかないだろう。

(9) 大森は、『時は流れず』(青土社、一九九六年)ではこう言っている。「では主客対置を撤回すれば何が起こるというのか？　何も起こらない。もともとの静穏な事態が復元されるだけである。山川草木に対して、それらを見る主観などは跡形もない。そこにあるのは、もともとの経験そのものである山であり川であり草木の繁りである。浅薄軽薄なダミ声で主客未分とか主客合一だとかはやすだろうが、それは無視したほうがいい。自然と一体！などという安っぽい掛け声も聞かぬふりでよい。ただ、われわれの何百万年前の祖先がしたであろうと同様に、この純粋無垢の山川草木を楽しみ、そのなかで生きることである」。しかし、それだけではすまないだろう。仕事とくらしをとおして、身体にひきうけて生きていく知恵を「学」にできないものか。

(10) アラン・ドレングソン・井上有一共編『ディープ・エコロジー』昭和堂、二〇〇一年。

(11) イバン・イリイチ著、高島和哉訳『生きる意味』藤原書店、二〇〇五年。

(12) 宮澤賢治『農民芸術概論』ちくま文庫、一九九五年。

(13) 松田喜一『農魂の巻』松田喜一先生伝記編纂委員会、一九七二年。

(14) 山下惣一『農業に勝ち負けはいらない！』家の光協会、二〇〇七年、三二一ページ。

(15) 石牟礼道子「名残の世」吉本隆明・桶谷秀明・石牟礼道子『親鸞』平凡社ライブラリー、一九九五年。
一部省略して引用した。

(16) 宇根豊『国民のための百姓学』家の光協会、二〇〇五年、二〇七～二一〇ページ。

〈資料〉日本版デ・カップリングの提言

福岡県の環境支払いに先立つこと二年、二〇〇三年六月三〇日、農と自然の研究所はじめ国内九団体が農水省に提言していた「環境デ・カップリング」政策について、農林水産大臣から直接提言書を受け取り、話を聞きたいという返答があった。以下、そこで提言した内容を再録する。読み直してみると修正したいところもあるが、歴史的な文書なので、ほぼそのまま収録する。なお、提言は九条に分かれているが、紙幅の関係で畑作・果樹・畜産に関する第三条〜第六条(八九項目)は省略した。

1　政策提言の心根

(1) 日本農業の再生を構想する

近代化農業で見えなくなった世界の最たるものは、近代化されない仕事がつくる「自然」であったし、自然と共生する人間の文化であった。これらは、あまりにもあたりまえに存在するものであり、タダであるのが当然で、経済的に評価されてこなかったものである。そこで、「農業が生産するのは、食べものだけでなく、自然だけでなく、精神世界をも含む」ことが、もう一度見えて来るような政策を構想したい。それなしには、日本農業の再生は不可能であると考えるからである。

(2) 百姓仕事の新しい評価の体系を見せる

効率やカネだけを求める「狭く、浅く、短い仕事」ではなく、人間が自然に働きかけて〝めぐみ〟をひきだす「広く、深く、遠い仕事」を支援する政策が求められている。いわゆる「多面的機能」を国民のタカラモノとして評価するには、それを支えている百姓仕事を明らかにして、支援する政策が不可欠である。この政策(環境デ・カップリング)は、その仕事の核となるものをしっかり拾い上げている。

(3) 経済を超えるものを実感する、そこをよりどころにする

近代化できない、カネにならないものこそ、未来へ伝える価値がある。だからこそ、現世の富をそこにつぎ込んで守る気持ちがまだあるし、「農」は経済性を超えて、今日まで存続してきた。こうした姿勢を評価する政策を前面に打ち出したい。農地も、地域社会も、自然環境も、文化も、過去からの「贈りモノ」であり、未来への「送りモノ」である。自分たちの欲望の充足だけに消費してはならない。こうしたカネにならないモノに、カネ(税金)をつぎ込む論理を国民の合意にしたい。

(4) 他産業を目標としない、農業独自の価値観の展開

「農」こそが未来社会のモデルになれる。「農」こそがその独自の「カネにならない価値」を展示できなければ、他産業の未来もない。あたりまえの農が、そこに、いつも、あたりまえに存在しなければならない。そのわけを示すことが、地域でさまざまな人間が仕事をしながら暮らす意味を再発見することにつながる。農が生みだすカネにならないモノ(自然、文化、地域…)は輸入できない。自給するしかない。農業の生産性を上げるために、他産業をモデルとしてはならない。

2 農業政策への新しいまなざし

(1) 仕事の本来の豊かさをとらえる

カネになる「生産性」を価値観の中心に据えない。食べものは自然と地域と結びついている。カネになるものは、むしろその一部分でしかない。その一切を引き受けるためにも、百姓仕事の役割

を評価し直す。昨今の倫理観の喪失は、カネにならない仕事へのまなざしを失った社会の当然の帰結である。

(2) 生きものや風景、時を超えて続いてきたものへの恩返しを農政の柱にする

刹那の有益性だけでは、永い眼で見た場合、人間の基盤も危うくなる。人間のためだけでなく、生きとし生けるものを大切にする。それが「循環」を意識し、守ることになり、大切なものの「持続」につながるのである。「安全性」よりももっと大切なものをおろそかにしたから、安全も崩壊したのである。

(3) 公益のとらえ方を変える

近代化される前の精神が残っているから、カネにならないものも個人の努力で守ってきたのである。それを評価するしくみを形成できないなら、カネにならない「公益(社会的共通資本)」は滅んでしまう。公益を支える百姓仕事への支援をすすめ、私益にのめり込み、公益を損なう近代化技術を転換していかねばならない。百姓の個人的な思いによって「公益」が守られてきたことを認識する手だてを、ここに登場させた。

(4) 近代化されていない子どもに、よりどころを提供する

花が咲き誇る道があるから、子どもは花を摘み、生きものが泳ぐ川があるから、子どもはカネにならない自然環境の心地よさを身につけることができる。人間にとって自然とは何か、人間は自然にどう働きかけたらいいのかを、身をもって学ぶことができる。こうした教育装置を守らない、守れないおとなたちの文化の質が問われている。したがって、この環境農業政策は、おとな世代の責任を果たす政策でもある。

(5) 食べものの由来をたずねる文化を再評価する

自分が育てたものを食べるのは、仮にそれが安全でなくても当然である。それが自家のものでなくても、在所のものであれば、引き受けて食べることは当然であった。ところが、その延長線上で、日本の国土で育ったものであれば無条件に引き受けて食べる、引き受けて生きていく、そういう国民を育てることができなかった。このことを私たちは深く反省するからこそ、カネにならない公益である自然環境を武器にさまざまな問いかけを行っていく。

3　政策実現に向けての準備

(1)　百姓が果たす役割

①百姓が「自然環境」をつかんで国民に向けて表現し、新しいまなざしの形成を自らリードしていく。

②経済性から洩れ落ちる大切なもののリストを百姓が作成する。そのための新しい活動を行う。わが家の田んぼの生きもの目録、地域の生きもの目録、カネにならないタカラモノ目録などを作成し、表現していく。

③地域の住民(つまり国民)にこうした新しい農の価値を語りかけていく。市町村やＮＰＯと協働して、地域の政策案をつくる。

(2)　国民が引き受ける責任

①国民は、自然環境の成り立ちが百姓仕事や農的くらしにあることを学ぶ。

②食べものの価値に「自然環境」を含める。食べものが自然環境とつながっていることを実感する工夫をする。

③みんなのタカラモノ(自然環境などの公益)が百姓の私的行為によって守られていることを自覚し、国民もその一翼を担う意志を明確にする。

(3)　市町村・都道府県の責任

①農が支えてきた自然環境の実態を百姓や住民が調査・表現することを積極的に支援し、その結果を公表し、政策に活かす。

②環境政策の立案を、地域に応じて百姓や住民の参加で行う体制をつくる。

③自然環境を守る技術を、農業技術として技術化する支援を行う。また、農業試験場でも農業技術と自然環境の関係をすべての生産技術について検証し、検討し直す。

（4）国（農林水産省）の役割

①農業政策全体を環境デ・カップリングで組み換えられるかどうかを検討し、環境政策の体系を構築する。

②百姓はもとより、広く国民の意見を聞き、開かれた政策転換をはかる。

③百姓仕事が生み出す自然環境の実態調査と、それを支える百姓仕事の構造を、百姓参加のもとで行い、分析する。

④百姓の田畑を「環境技術」の研究圃場として、試験研究システムに位置づける。つまり、村々の多様な自然環境をつかむ主体を百姓に負わせる。

⑤国内の先駆的な環境技術を形成している百姓や環境ＮＰＯとの提携をはかる。

（5）政策の提案者の役割

①国と、国民と、地方自治体と、そして自らに提言する。したがって、提言の内容と行く末について責任をもつ。

②具体的には、こうした環境政策の理念について、農村はもとより国民のなかで議論をおこす。

③この政策への反応について百姓と消費者にアンケート分析（ＣＶＭ法）を行い、政策の事前評価を行う。

④この政策を個別経営および地域で取り入れた場合のシミュレーションを行い、公表する。

⑤国、都道府県、市町村の環境農業政策の立案に対して知恵を貸す。

4 一八四項目の環境デ・カップリング

政策案は農と自然の研究所案をもとに、約一年をかけて議論してきたが、政策メニューには一部未定の部分がある。また、支援金額には根拠を積み上げることが不可能で、百姓の実感で決めたものが多く含まれている。これは決して不合理ではないと考える。

政策参加(支援金)の申請は原則として、百姓個人の自己責任で行い(一部は集落・市町村)、助成金は個人(一部は集落)に支払われる。認証は市町村が行う。確認は原則として行わず、仮に行う場合には市町村の抜き打ちとする。助成の総額は、一戸あたり二五〇万円を上限とする(この上限や他の条件についても、市町村で設定・変更ができるものとする)。

文中に「地域で定める」とあるのは、市町村単位で「デ・カップリング委員会(仮称)」をつくり、百姓だけでなく、住民の参加で、決定する。その地域独特の総合的な環境農業への取り組みについては、別枠のしくみを認める。たとえば、「絶滅危惧種デ・カップリング」「棚田デ・カップリング」などがこれにあたる。先行実施も考えていい。

現行の「中山間地への直接支払い」は、個人支払いと集落支払いに分離されることになる。集落支払いは、この政策案の「集落」の章に含まれることになる。

言うまでもないことだが、この政策は中山間地や農業振興地域などという対象制限を一切しない。すべての地域の農地と百姓が対象になる。専業・兼業、小規模・大規模などという制限もない。なぜなら、従来のカネになる生産ではなく、自然環境を形成する「農」を評価し、持続させる政策だからである。

第1条　水田の仕事・技術ごとに支払われるもの（四七項目）

1　生きものや環境調査

①水田の生きもの調査、②水路・ため池の調査、③水田・畔の草花調査、④風景の調査：調査マニュアルによる（二万円／農家）

ガイドラインにそって百姓が実施する。結果のいかんにかかわらず、調査という百姓仕事に対して助成する。この調査は子どもや消費者も協力できる。年寄りも仕事として担える。調査マニュアルを全国共通種、都道府県共通種、地域共通種に分けて作成し、それにしたがって実施する。

2　環境評価

めぐみ台帳作成（二万円／農家）

環境調査の結果に基づき、田んぼや周辺の自然環境を表現する台帳をつくり、必要があれば公表する。めぐみ台帳とは、前項①～④の調査をまとめた台帳をいう。これらの台帳が多面的機能の骨格をなし、これによって全国の自然環境の実態が表現される。これらの環境がどういう百姓仕事によって形成されているかを考察する基礎資料になる。

3　土壌・水質分析

①土壌分析：多量要素、微量要素、②水質分析：入水と出水の水質（五〇〇〇円／一〇a）、③地下水分析：周辺の地下、水井戸水などの分析（二万円／農家）

4　技術研究

①環境技術の試験研究田（五万円／一〇a）

百姓が環境を守る技術の試験研究計画を立て、個人やグループで研究する場合に支援する。計画書の提出が必要。生産性を向上させる技術（多収技術、効率的な技術）研究ではなく、環境を守る百姓仕事（農業技術）の研究は、田畑の個性や地域の特性を活かしたものにならざるをえない。

②その公開（一〇万円／農家）

試験研究田の一般公開、試験結果の公表行為に対して支給する。

5 伝統技術

近代化される前の技術の多くは環境保全的である。なぜなら、現代の自然環境は近代される前の時代の百姓仕事によって形成されたものだからである。

①堆肥の製造(五〇〇〇円/一〇a分)

生産の安定や良質な生産のためではなく、自然循環型技術の振興のために支援する。素姓の知れた原料を使用する。生ごみ堆肥も含む。

②堆肥の利用(五〇〇〇円/一〇a)

購入分も含める。その場合も生産過程が明らかなものであること。

③レンゲなどの緑肥作物の栽培(五〇〇〇円/一〇a)

化学肥料を減らすための支援であり、休閑地をなくす支援でもある。

④水苗代(五〇〇〇円/一〇a分)

毎年同じ時期の入水は、その時期に繁殖する生きものにとって重要な場を提供する。たとえば殿様蛙やヒキ蛙の産卵場所としても水苗代の役割は大きい。

⑤伝統的な品種の栽培(一万円/一〇a)

コシヒカリとその系統品種が国内を席巻しようとしているとき、多様な品種が栽培される意味は大きい。赤米などの復活も同様。

⑥湿田の保全(一万円/一〇a)

二毛作化や畑作転換化のために乾田化が進み、湿田でしか生きられない生きものが激減している。あえて、仕事のしにくい湿田を残す新しい理由が見つかったのである。

⑦手植え(一万円/一〇a)

文化的にも教育的にも存続させたい技術である。

⑧架け干し(一万円/一〇a)

風景としても、自然エネルギーの活用としても、食べものの生産過程が見えるという意味でも、再評価されていい。

これ以外に、地域によって近代化される前の伝統技術が残っているものを認定し、保存の理由を開示して、支援する。

6 環境技術

環境技術とは、意識的に自然環境を守り、支えるための技術を言う。百姓仕事自体に合わせて生きものが生きてきたわけだから、伝統技術はそれ自体が環境保全的である。一方、環境技術は近代化が進むなかで、自然環境を意識して新たに生まれた技術体系と位置づける。

①発生予察：虫見板の利用(二〇〇〇円／一〇a)

虫見板の利用など百姓自身の観察に基づく予察は、再評価しなければならない。また、その情報・データはもっとも地域的であり、国の「発生予察事業」にとっても欠かせない。

②有機農業技術(五万円／一〇a)

これほど百姓によって多様に研究・実践が行われている技術もない。この民間技術の内容を蓄積するだけでも、国の農業技術の展開に新たな地平が開かれる。

③減農薬栽培(二万円／一〇a)

内容については地域で定める。有機農業と同様これらを特殊な技術と位置づけるのではなく、農業の本来備えるべき自然循環機能の再発見・再評価技術と位置づける。

④湛水管理：田植え後三五日間の湛水(五〇〇〇円／一〇a)

田植え後の生きものの揺籃期であることを意識した湛水は、新しいまなざしの環境技術である。

⑤冬季不耕起(五〇〇〇円／一〇a)

田んぼの落ち穂や草の種を鳥たちが食べやすいようにするとともに、冬草に太陽エネルギーを蓄積する。

⑥二毛作(五〇〇〇円／一〇a)

冬季の麦作により動物たちのねぐらが確保でき、鳥たちのエサにもなり、CO_2の吸収にもなる。

⑦輪作（一万円／一〇a）

生態系への影響を把握しながら推進する。

⑧無化学肥料栽培（五〇〇〇円／一〇a）

環境への負荷軽減よりも、代替肥料資源の復活のための支援。

⑨減化石エネルギー技術（一万円／一〇a）

エネルギー収支がマイナスになるような生産ではなく、産出エネルギーを増やすために、化石エネルギーの削減を作目ごとに定める。

⑩休耕田の管理（一万円／一〇a）

水生植物の栽培など。湛水管理を行うことにより、水稲作に準じる生きものの生息を可能にするし、水稲作ではできなかった生態を確保する。

⑪減収の技術（減収に見合う金額の倍額／一〇a）

米の生産調整のためであり、自然環境、風景、文化の保存のためである。「減反政策」は環境をも含んだ政策のなかで論じないと、壁をうち破れない。

これ以外の環境技術の詳細は別に地域で定める。これ以外にも地域の特徴を活かした環境技術が少なくないので、地域で掘り起こしをする。

7 自給技術

①自給（一万円／戸）、②地域資源の活用（二〇〇〇円／一〇a）

8 土台技術

生産に直結しないが、環境を土台で支えている仕事のうち技術化されたものをいう。

①畔の手入れ

（1）畦草刈り：四回以上（五〇〇〇円／一〇a）

回数は地域で決定する。畔草刈りによって、多様な植物が生息できるし、それらに依存する多様な生きものが生存できる。

（2）畔塗り（五〇〇〇円／一〇a）　洪水防止機能の増進になるのは当然として、畔と田んぼの間の動物の行き来を助ける。シュレーゲル青蛙は畔塗りした斜面に産卵する。

（3）棚田の石垣の手入れ（五〇〇〇円／一〇a） 棚田の石垣は草取りをするから美しいし、崩れない。

（4）彼岸花などの植栽（二〇〇〇円／一〇a） もともと彼岸花は百姓が植栽した。その他の植物については地域で定める。

②ため池の手入れ

（1）ため池の保全（三〇〇〇円／一〇a） 手入れの内実は地域で定める。堤の草刈りや補修、見回りに対して支援する。

（2）池干し（三〇〇〇円／一〇a） 貴重種の保全に配慮する。堀（クリーク）干しも含む。

③水路の手入れ

（1）水路の補修（三〇〇〇円／一〇a） 利水対象面積で算定する。三面コンクリート張りではない水路に支援する。水路の距離が長いときは加算する。

（2）水田と生きものが行き来できる水路構造の維持（五〇〇〇円／一〇a） メダカやドジョウ、ナマズなどが田んぼへ遡上できる構造へ支援する。

（3）冬季の水流の確保（五〇〇〇円／一〇a） 年間を通して水辺環境が確保される価値は大きい。

④堰の維持・管理（二〇〇〇円／一〇a） 大雨や干ばつ時期の管理運営におけるさまざまな工夫に支援する。

⑤水管理

（1）畔下の溝切り（五〇〇〇円／一〇a） 湿田の特徴だが、生きものの避難場所として重要である。

（2）田回り（五〇〇〇円／一〇a） 水管理の田回りも含める。頻度は地域で定める。

これらの仕事は従来、評価の対象になっていなかったものである。これ以外の土台技術については地域で定める。生きものへまなざしを注ぐ時間がないと、自然の生きものは不安定になる。田回りの価値を環境から再評価したい。

9　ビオトープ

ビオトープとは、生きものが生きものらしく生きられる場所である。生きものの生息のために特別の仕事を行った場合に支払う。水田ビオトープは、田んぼを米だけでなく、生きものの生息場所としても位置づけるショーウィンドウである。それは子どもや都会人だけでなく、百姓にとってもまなざしの復元と転換になる。

①水田ビオトープの公開（二万円／一〇a）

水稲を栽培しながら、稲と等価値に水田の動物・植物の生息に配慮した手入れを行う。

②冬季水張り水田（ふゆみずたんぼ）：冬鳥の餌場やねぐらとして（二万円／一〇a）

雁や白鳥などが日本で越冬できるのも、水田の落ち穂やヒコバエの葉、草の種などがエサとなっているからである。赤蛙や山椒魚の産卵場所としても、貴重になる。

③秋期水張り水田：秋アカネの産卵支援（一万円／一〇a）

秋アカネは稲刈り後の水田で産卵するが、乾田化で産卵できなくなっている。

④休耕田の水張り（二万円／一〇a）

単なる生産調整、荒らさないようにする、という消極的な対応ではなく、生きものの生息場所を確保するという目的を意識する。地域によっては、地下水源としてとても重要である。

⑤ビオトープの公開（四万円／一〇a）

水路やため池、畦道などのビオトープについても工夫する。これ以外については、地域で定める。

第2条　水田の対象ごとに支払われるもの（一一項目）

調査を伴うものは、百姓が自主的にガイドラインに基づいて自主的に調査し、自己申告を基本とする。そのために、百姓も調査能力を向上させなければならない。

1　生きもの（動物）

①指標動物がいる：生物指標による（一万円／一〇a）

地域ごとに別に定めた指標動物のうち五〇％以上が確認されれば、助成の対象となる。地域に策定委員会がもうけられる。生物指標の基礎資料の一例を**表4―1**（一八二～一八五ページ）に示した。こうした基礎調査に基づいて、指標動物を定める。策定委員会は、百姓はもとより、教員や自然保護団体など広く参加を求める。この場合、方言の呼び名を軽視しない。

②生物多様性評価：さらに「絶滅危惧種・希少種」の数によって、上乗せする。絶滅危惧種や希少種は市町村で定める（五万円、三万円／一〇a）

絶滅危惧種・希少種は各都道府県のレッドデータブックをもとに、地域ごとに策定委員会で定める。これらの生きものがなぜ絶滅に瀕するようになったのか、百姓の経験でつきとめてほしい。

2　生きもの（植物）

①指標植物がある：植物指標による（一万円／一〇a）

植物指標は策定委員会で地域ごとに定める。動物以上に種の同定がむずかしいので、教育プログラムが公的に準備される。

②生物多様性評価：さらに絶滅危惧種・希少種の数によって、上乗せする。絶滅危惧種や希少種は市町村で定める（五万円、三万円／一〇a）

多くの植物が百姓仕事の変化によって、絶滅危惧種・希少種に指定されている。しかし、その実態はまだよくわかっていないので、地域での調査が求められている。

3　土

①有機物の量（一万円／一〇a）

土の中の有機物の望ましい含有率は一般値が示されているので、地域の土壌や栽培作物によって定めて評価する。基準以上の土に支援する。

②土壌生物の量（検討課題）

③作土の保全（五万円／一〇a）

何十年、何百年の百姓仕事と生きもののくり返しが蓄積した土をきちんと評価する、初めての政策である。転用した場合には作土を農業に活用し、埋め立ては禁止する。

4　水

水質指標にかなう（一万円／一〇a）

5　風景

風景指標による評価（一万円／一〇a）

6　気象

①気象緩和機能に対して、地域で定める「気象緩和指数」に基づき支給する（二〇〇〇円／一〇a）

②緑地空間（市街化区域）（五万円／一〇a）

第7条　農家の経営活動に対して支払われるもの（一三項目）

1　環境計画・記帳

「私」のための計画と位置づけるのではなく、「公」的なものを守るための計画と位置づけて支援する。現行の「エコファーマー」や「認定農業者」の改善計画はここに位置づけられる。

①環境保全計画の立案、②資材投入計画の立案、③地域循環計画の立案（一万円／農家）

④投入産出分析：外部経済計算式による（一万円／農家）

外部経済（カネにならないもの）の経済効果について早急に算定式を確立し、活用できるように国は努力する。従来の営農計画が内部経済だけのいびつな構造になっていたことを反省する。

⑤エネルギー収支計算：計算式による（一万円／農家）

近代化された技術で、産出エネルギーを投入エネルギーが上回っているのはゆゆしき事態である。これでは、もはや「生産」とは呼びにくい。国は簡易なエネルギー収支計算式を早急に決定する。

⑥作付け計画：輪作・連作（一万円／農家）

輪作・連作は再生産に大きな寄与が認められるが、環境負荷にも配慮する。

⑦低負荷評価（一〇万円／農家）

①から⑥の計画の内容が「評価基準」に達しているものに助成する。評価基準は別に定める。

2　情報公開

①帳簿の公開、②インターネットのホームページ（五万円／農家）、③通信の発行（三万円／農家）

3　環境表示

「ご飯一杯で涼しい風が三〇秒つくられ、赤トンボが一匹育ち」などの表示をすすめ、食べものと自然環境を結ぶための助成である。

①農産物への環境表示：シールやパンフレット（五〇〇〇円／一〇a）

②圃場での環境表示：看板など（一万円／一〇a）

4　有機・特別栽培認証

これらの栽培を国が本気ですすめるとすれば、認証費用は原則として全額助成すべきである。有機農業は食べものの安全性だけを追求する農業ではない。農業が安全に存在しないと、自然と人間社会が成り立たなくなるからである。特殊な農業ではなく、本来あるべき姿の追求過程だと位置づける。ここでは流通過程への支援をする。

①有機認証費用への助成（三万円／一〇a）、②特別栽培認証費用への助成（一万円／一〇a）

5　産直

産直とは、国民に対する農側からのカネにならないものまでも含めた情報提供であり、教育活動である。それぞれの計画をたてる。

①直売所の運営（五万円／農家）

有機、減農薬の国産の農産物に限る。

②産直活動支援（五万円／農家）

認証を受けなくても、提携による流通は少なくない。

③消費者との交流（五万円／農家）

食べものが何の使者であるかを実感する教育プログラムである。

6　グリーンツーリズム

グリーンツーリズムとは、国民が生きる土台を実感するために求めている教育プログラムである。これを「私」が行うことへの助成を早急に確立する。

①オーナー制度への助成（二万円／一〇a）、②農家民宿（一〇〇〇円／利用者一人）、③交流体験（五万円／農家）

7　農業体験教育

百姓が独自に行う体験教育、地域や学校や組織と連携して行う体験教育へ支援する。

①体験教育水田：減農薬・減化学肥料水田か伝統技術水田（五万円／一〇a）

畑・果樹園・畜産もこれに準じる。

②環境講座（一〇〇〇円／参加者一人）

自然環境の本質を仕事やくらしをとおして伝えられるのは百姓しかいないかもしれない。

③百姓の研修費用：農家六人まで（三万円／一人）

表現者・教育者としての百姓は、それなりの訓練を受けると能力が倍増する。

第8条　集落の活動に対して支払われるもの（一三項目）

1　環境委員会（デ・カップリング委員会）

①活動費（一万円／参加農家）、②資材備品費（三〇〇〇円／参加農家）

名称は地域で付ければいい。既存の集落機能を活用するのもいい。予算の執行はこの委員会が妥当だという判断根拠を自ら示せばいい。

2　伝統行事

地域で残すべきと決めた行事について、一件二〇万円以下。

伝統とは受け継ぎ、改良し、場合によっては、新たに創成するものである。

3　伝統施設の保全

①農道（道路）の手入れ

（1）草刈り（三万円／農家）　草が生える道があるから、道は教育的になり、文化的な存在になる。

（2）補修（五万円／農家）　手入れする道だから、人間と自然の橋渡しができる。

②防風林の手入れ（五万円／農家）

所有者が共有でも個人でも、その維持管理に支給する。

③お宮、お寺などの森の手入れ（一〇万円／村）

その森が誰でも見ることができる開かれた空間であれば、支援する。

④巨樹の保存（一万円／樹）

そのほかの施設については、地域で定める。

4　地域資源の活用

①地域循環の達成、②里山の利用、③共有地の利用（五万円／農家）

そのほかの資源については、地域で定める。

5　不作付荒廃農耕地の解消

地域で共同で行う場合一回あたり一万円／農家。農地は農業振興地域に限定しない。

6　交流施設の運営

運営費（五万円／農家）。交流の場は必ずしも施設（建物）を必要としない。

7　安全対策（リスクマネジメント）

自然災害への対応活動。一回あたり一万円／農家。予防となる活動も含む。

第9条　くらしにたいして支払われるもの（一一項目）

1　自給技術

①食料の自給：自給指標五〇％以上（二万円／農家）

購入したほうが安い場合も多いのに自給するのは、カネにならないものを守る気概と姿勢が伝統としてあるからで、それを評価する。金銭ベースではない指標を工夫する。

②農産物の加工：加工品の自給率八〇％以上（五〇〇〇円／農家）

米、野菜、果樹、畜産物、地域自生物などの加工を支援する。法的な規制緩和も検討する。

2　持続エネルギーの活用

減化石エネルギー技術以外を対象とする。これ以外のメニューは地域で定める。かつて利用されていたものはもちろん、新たな利用の試みも支援する。

①水車利用、②バイオマスエネルギー（一万円／農家）

③生ごみ循環：家畜に食べさせることも含める（五万円／農家）

④籾殻燃料、⑤里山燃料（一万円／農家）

3　伝統料理

努力して保存しないと滅びる食材や料理法（五万円／農家）

4　風景の保全

①伝統的な家屋の外観（一万円／戸）

とくに改築や建て替え時期に検討するに値する政策でありたい。条例化している地域以外でも取り組みたい。

②屋敷林や生け垣（一万円／戸）

手入れをしていればこそ維持できる「自然美」である。

③里山の保全（一万円／一〇ａ）

全国的に里山の荒廃は目に余る。それは現代社会が経済効率を優先し、カネにならない価値のすごさに目覚めるのが遅すぎたからである。里山のさまざまな利活用に対して支援する。

あとがき

一九九九年に九州大学の大学院博士課程の社会人入学制度が発足した。農業改良普及員の職務も「研究歴」に算入するというので、私はもうこりごりだと思っていた受験をふたたび経験して、入学したのである。

私は農業改良普及員として、百姓と協働で多くの調査・研究を行い、膨大なデータをもちながらも、その成果は百姓に還元するだけで、学会に発表することはほとんどなかった。一方で、百姓の経験を「理論化」することは使命だと心がけていたので、多くの論文をおもに学会以外の場で発表してきた。その内容は「学」らしくはなかったが、「学」と無縁でもなく、学の周縁にぶら下がっているようなものといえただろう。

私は、学者になるために大学院に入ったのではない。従来の学に決定的に欠けているものを感じていて、それを確かめたかったのである。学位論文を提出した二〇〇四年以降もずっと考えつづけ、はっきり表現できるようになったので、この本を出そうと決心した。先回りして『国民のための百姓学』(家の光協会)を上梓したが、それはこの『天地有情の農学』を母胎にしている。

今回、本にするにあたって、当初の論文を百姓学を意識して大幅に加筆・修正した。ただでさえ、論文らしからぬ体裁だったのが、ますます学術論文の香りがなくなったと思う。これだけでも、学者になれない私の気質と、それゆえに新しい学への情熱を感じてもらえるだろうか。新しい学には、新しい文体が必要である。新しい学には、新しいまなざし（方法）が不可欠である。そして、新しい学を育てるためには友が必要である。その友とは「百姓学」である。

「多面的機能」や「生物多様性」や「外部経済」や「環境保全」が「学」として登場し、私はとても共感した。私たちが形成してきたものとの共通点の多さに気づいたのである。そして、農学が自然環境を射程におさめるために、私たちの経験や理論は役立つのではないかと思い始めた。それまでは、「生産性向上」に異を唱えるのは覚悟がいることだった。農業ではなく、「農」という言葉がよく使われだして、「農学」の世界が広がり始めていることを実感した。従来の農学では出番がなかった分野に光があたり、その分野を調査・分析・考察する新しい手法が求められている、と感じるようになった。

田んぼに生まれてはじめて入った子どもが、「田んぼにはなぜ、石ころがないのだろう」と感じる。百姓は「田んぼの石ころ」を足の裏に感じて掘り出し、田んぼの外に捨ててきた。石ころも、石ころがない土も感じているのに、子どもは石ころがないところに着目し、百姓は石ころに着目する。まるで対極にあるような感性だが、「あたりまえではない世界」を感じるところは共通している。

「学」はあたりまえのものは対象にしない。あたりまえのものを「学」にするには、あたりまえでない視点の発見がなくてはならない。あたりまえに、そこに存在する赤トンボ（自然環境）に意味を見いだす「学」は、簡単には形成できない。赤トンボの研究は少なくなかったが、赤トンボがなぜあたりまえであるかを研究するまなざしはなかった。

もしこの国の農学に私が一役買えるなら、ここから眺められる情景をしっかり記述することではないか。それこそが新しい農学であると私は信じている。ひとりよがりかそうでないかは、これからの歴史が明らかにするだろう。

たしかに、私は「新しい農学」に期待するあまり、従来の農学を狭く表現しすぎているかもしれない。従来の農学に厳しすぎるかもしれない。しかし、それは農学に期待するからだ。高名な自然環境の研究者から「べつに農学でなくてもいいのではないでしょうか」と言われると、「いや、自然と人間の関係学こそ農学の中心を占めるものです」と反論したくなるのである。

大学院に入学してからできるだけ学会発表を心がけてきたが、論文としてなかなかうまく表現できなかった。それでも、横川洋教授や佐藤剛史助手の助言を受けながら、常に農学を意識して過ごすようになった。本研究は私の現役農業改良普及員時代の実績に多くを依拠しているが、この年齢になってその実りをもう一度、味わい直すことができるとは、つくづく私は幸せな人間だと思う。もちろん、論理展開と表現法には未熟さも目立つであろうが、これも私なりの農学なのである。

私の活動を後押ししてくれた藤瀬新策さんをはじめとする環境稲作研究会の百姓と、農と自然の研究所の会員に、心の底からお礼を申し上げる。天地有情の農学も百姓学もここから生まれたことは間違いない。そして、一八歳のときに出会い、ずっといっしょに生きてきて、私の減農薬運動を支え、ともに百姓になり、農と自然の研究所で協働しながら、本研究を支えてくれた、妻公代に感謝する。

あわせて、二〇〇六年の春にこの世を去った父に、農業の近代化を体現したような父の人生から私の近代化論の大半が紡ぎ出されてきたことに、苦く、懐かしく、頭を垂れたい。
最後になったが、コモンズの大江正章さんには、ほんとうにお世話になった。思いの深さには自信はあるものの、あまり売れそうにないこの本を世に出してくれた恩人である。

なお、この本の各章は以下の学会報告や論文を加筆・修正したものである。
第1章：日本作物学会第二回技術賞受賞講演報告「減農薬運動が自然環境への扉を開けたワケ　第1部　減農薬運動のあゆみ」二〇〇三年四月。「自然環境の技術化と社会化」『日本農業普及学会誌』第五巻第一号、二〇〇〇年。
第2章：「生物多様性と多面的機能を百姓は実感できるのか」『日本作物学会紀事』第六九巻第三号、二〇〇〇年九月。「減農薬稲作から環境稲作へ」『農総研季報』第四一号、一九九九年。
第3章：「多面的機能の技術化」「新しい環境農業政策を構想する　第1部　環境技術の形成試論」横川洋編著『景観概念の農業認識への統合とその応用に関する総合的研究』平成一三～一四年度文部科学省科学研究費基盤研究（基盤研究C２）研究成果報告書、二〇〇三年。前掲「減農薬運動が自然環境への扉を開けたワケ　第2部　環境技術の形成試論」二〇〇三年四月。
第4章：日本有機農業学会テーマ研究会報告論文「生きもののにぎわいと有機農業のまなざし」二〇〇三年一〇月。

第5章：「新しい環境農業政策を構想する　第2部　新しい政策の可能性、第3部　日本型環境デ・カップリング試案」前掲『景観概念の農業認識への統合とその応用に関する総合的研究』。
第6章：「新しい学なりにまなざしの転換を」日本有機農業学会編『有機農業研究年報2政策形成と教育の課題』コモンズ、二〇〇二年。
第7章：書き下ろし（ただし、一部は日本有機農業学会大会で個別発表）。
資　料：『提言・環境農業政策の道をひらく』農と自然の研究所、二〇〇三年六月。

二〇〇七年六月

宇　根　　豊

〈著者紹介〉
宇根豊（うね・ゆたか）
1950年　長崎県島原市生まれ。
1973年　福岡県農業改良普及員となる。
1978年　減農薬運動を提唱・普及。
1988年　新規参入で就農。
2000年　福岡県庁を退職。農と自然の研究所を設立。
現　在　百姓。
主　著　『減農薬のイネつくり』（農山漁村文化協会、1987年）、『減農薬のための田の虫図鑑』（共著、農山漁村文化協会、1989年）、『田んぼの忘れもの』（葦書房、1996年）、『「田んぼの学校」入学編』（農山漁村文化協会、2000年）、『風景は百姓仕事がつくる』（築地書館、2010年）、『農と自然の復興』（創森社、2010年）、『農は過去と未来をつなぐ』（岩波書店、2010年）、『百姓学宣言』（農山漁村文化協会、2011年）。

天地有情の農学

二〇〇七年七月二〇日　初版発行
二〇一一年四月二〇日　2刷発行

著　者　宇根　豊

発行者　大江正章
発行所　コモンズ
東京都新宿区下落合一-五-一〇-一〇〇二
TEL〇三（五三八六）六九七二
FAX〇三（五三八六）六九四五
振替　〇〇一一〇-五-四〇〇一二〇
info@commonsonline.co.jp
http://www.commonsonline.co.jp/

印刷／東京創文社・製本／東京美術紙工
乱丁・落丁はお取り替えいたします。
ISBN 978-4-86187-036-1 C 1061